这是一个好问题

知乎快闪课堂——编

中信出版集团 | 北京

图书在版编目（CIP）数据

这是一个好问题 / 知乎快闪课堂编 . -- 北京：中信出版社，2021.6
ISBN 978-7-5217-2762-3

Ⅰ. ①这… Ⅱ. ①知… Ⅲ . ①生活 – 知识 – 青年读物 Ⅳ . ① TS976.3-49

中国版本图书馆 CIP 数据核字（2021）第 024238 号

这是一个好问题

编　　者：知乎快闪课堂
出版发行：中信出版集团股份有限公司
（北京市朝阳区惠新东街甲 4 号富盛大厦 2 座　邮编　100029）
承 印 者：北京尚唐印刷包装有限公司

开　　本：880mm×1230mm　1/32　　印　　张：11.25　　字　　数：221 千字
版　　次：2021 年 6 月第 1 版　　印　　次：2021 年 6 月第 1 次印刷
书　　号：ISBN 978-7-5217-2762-3
定　　价：78.00 元

在快知识时代，快思，慢想。

序言 好问题改变世界

如果我们带着好奇心看世界，会惊奇地发现，人类历史其实是由无数个好问题标识、点缀、勾连而成。

比如，苏格拉底拷问灵魂：“什么是善行，什么是恶行呢？”莎士比亚的《哈姆雷特》有一句著名台词：“生存还是毁灭？”爱因斯坦则向宇宙发问：“如果我坐在像光速一样的机器里，我看到的是什么？”

因为基因里的好奇心，我们不仅关心人类：地球转动 45 亿年，动力来自哪里？时间是真实存在的吗？吃一小勺电子会怎么样？

我们也关心“粮食和蔬菜”：你吃过最好吃的炸鸡是哪种？有什么实用的省钱小习惯？有什么办法可以让感冒快点好起来？

截至2020年底，在知乎平台上提出的总问题数超过4400万条，总回答数超过2.4亿条。这些问题和回答有的来自某个领域非常专业的研究者，也有的来自充满好奇心的大众用户。

有人提问，有人回答，有人点赞，在这个有趣的过程中，我们互相帮助，也变得彼此亲密。

这是一个“快知识”时代，我们对于“更快”的追求渗入到生活的方方面面，从交通提速、通信提速逐渐转移到知识获取的提速。在知识获取提速的同时，我们也希望“快中有慢”，用面对面交流的方式把知识展开，兼顾系统学习与深度讨论。

基于这个想法，2018年9月，快闪课堂诞生了。

我们最初的时候想，如何才能让用户在一问一答的过程中，有更好的体验、更紧密的联结？只在线上够不够？有没有更有趣的方式？

带着这样的好奇心，我们拓展了一个线下活动，希望活跃在线上的用户，还可以来到线下，在面对面的提问、回答、交流的过程中，更立体地分享知识，共同学习。

快闪课堂听起来像一次单向授课，但它在用户与优秀答主之间搭建了一座知识沟通的桥梁。在这里，讲者不仅负责传递知识，更注重知识的真正渗透，通常90分钟的快闪课堂会有一半的时间用于讲者与现场参与者的交流。

在知乎的活跃用户中，18~35岁的青年占比约75%，他们正处在人生的第二个“十八年”，正是从认识世界迈向改变世界的关键阶段。

为了给这批核心用户提供更好的知识服务，每次快闪课堂的主题和具体知识点都会经过知乎内容大数据、站内舆论、内部小规模调研的层层筛选，确保每一节课都能提供用户真正需要听、喜欢听的知识。

快闪课堂通常都是在周末举办，所以和一群陌生人过周末似乎成了一种新潮的方式。利用业余时间参与快闪课堂，不仅可以与专业领域的讲者平等交流、深度讨论，还能结交志同道合的朋友。每次课堂的主题包罗万象，涵盖与你相关的点点滴滴，从生活百科到职场知识，从理财技巧到审美艺术，从历史文化到科技解读，都是我们想要和你促膝详谈的内容。

我们的一位讲者 @ 梁源（书法、音乐优秀答主）非常喜欢快闪课堂的社交属性，他说：“社交是我们现在无法避免的一个话题，互联网扩大了社交的可能性，也让社交变得分裂。这种分裂会让我们的内心很不适应。更何况，人到了一定年纪，很难再去认识新的朋友。所以我认为，社交是有必要的。有些时候也许你因为听讲座或者看展认识了新的伙伴，这些伙伴真的能在以后和你一起做一些很有趣的事情。就拿我来说，在知乎，我找到了一起教书法的朋友，也遇到了一起组建工作室的伙伴。这些都是实实在在的事情，我们从线上走向线下，是知乎给了我们了解彼此专业背景和能力的好机会。”

到目前为止，快闪课堂已经覆盖全国 18 个城市，有超过 200

多堂知识分享课，参与人数超过了10万。从2021年起，快闪课堂将打造系列主题的分享，预计覆盖心理、职场、亲子教育、互联网、科技、电影、音乐、健康、艺术等多个领域。

在知乎和中信出版集团的共同努力下，这本快闪课堂的纸质书终于和大家见面了。

这本书共分为四个核心模块：令人好奇的“新知”、让人着迷的“文化”、和年轻人密切相关的“职场”以及看似日常却又奇妙的“生活”，涵盖经济、法律、文化、艺术、管理、健康、旅行等诸多领域。

我们希望通过这本书和知友们以另一种方式重逢，不是万维网的链接方式，不是面对面的互动方式，而是以书籍这种严谨、厚重、经典的文明记录传承的方式见面。

期待这本书能永久保存参与者那一段关于好奇心和求知欲的记忆，期待讲者们可以把书摆在案头，激励自己不断发现更大的世界。

如果你参与进来，会发生什么呢？我们祝愿这本有趣的小书，在你的心里播下一颗小小的种子。

张荣乐，知乎副总裁

2021年5月

目录

新知

文化

职场

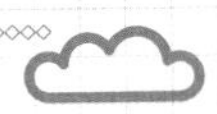

生活

新知

我们为什么会觉得越来越穷？

周伟强

从思维方式开始武装自己，形成自己的金融思维，再付诸行动，盘活自己的财富，让钱生钱。

根据外界的信息和加工过的信息，综合自己的经验、知识，从而形成思维本体，也就是自身更新信息的过程，就是思维。思维是决定行动的基础，而行动决定成效。

如何认识金融思维

有人问：为什么我们会觉得越来越穷？

如何定义“穷”？就是手上的现金不足以满足个人消费。做生意的会觉得，成本越来越高，赚取的利润相对越来越低。比如说虽然工资是涨的，猪肉突然涨价涨得厉害，同样的价钱，买的猪肉却越来越少，吃的猪肉少了，就感觉自己越来越穷。

找出问题的方式：多问几层为什么。

习惯思维是把这个（越来越穷的）原因弄清楚，多想几个层次的为什么：

（1）为什么会认为自己穷？因为可分配的金额相对的购买力减弱了；

（2）为什么自己的购买力弱了？因为猪肉涨价了；

（3）为什么猪肉涨价了？因为供应商的供货价格也涨了；

（4）为什么供应商供货价格涨了？因为养猪的成本高了；

（5）为什么养猪的成本高了？因为谷物的价格涨了；

（6）为什么谷物涨价了？因为农民的产出没有增长，而市场上的化肥等原料的价格涨了。

以此类推。

多做几次这样的训练，你就会发现问题往往会在通货膨胀上找到暂时的答案。

学会怎么处理财富，这是让自己能够取得除了工作之外的额外收入的其中一个方式。而怎么处理自己的财富，怎么投资，就必须要从思维方式开始武装自己，形成自己的金融思维，再付诸行动，盘活自己的财富，让钱生钱。

首先，思维方式是什么？怎么开始形成金融思维？这要从最基本的认知开始。

格物致知

在一次摄影旅行中我去了葡萄牙里斯本，在海边邂逅了国学泰斗钱穆的关门弟子，我放下相机静听他讲了四小时的阳明心学。他说阳明心学不在于什么治国平天下，在于面对我们的初心。最基本的就是从格物致知做起。什么叫格物致知？我们知道前面摆着的这个物体是杯子，旁边的那棵是植物，格物就是我们知道这个是杯子，那个是植物。致知是明白这个杯子是用来干什么的，就是用来盛水、茶等液体；植物是用来装饰房间、净化空气。而思维方式最终是要令我们改变自己的思维，这是致知。进一步了解并且领悟（明义）后，就可以行动起来，利用各种金融工具累积财富，而财富最终是为了换取个人生活所需，满足我们其他的目的，比如理想层面的愿望。这就是通过“格物致知”以达到知行合一的思维方式。

诚意

但是单纯赚钱并不是目的，钱是让你达到目标的其中一种媒介，是通货，钱自身并没有什么意义。什么是货币？什么是钱？当我们打开经济学课本的第一页，第一句写的就是“资源有限，欲望无限”。人的欲望是无限的，无奈每个人的生产力都有限。司马迁说过，商人就是“以所多易所鲜”，意思就是互通有无。有了供求就产生交易。货币是交易的工具，是商业行为的基本，当最原始的状态还没有出现货币之前，人类用以物易物的方式满足交易，比如你家养鹅养鸭，但你发现没有菜，隔壁家在种菜，可能就拿一只鹅换一些菜回来，但是你会发现你换的菜只能供你吃很短一段时间，那些菜长期存放会坏，变得毫无价值。这就产生了另外一个问题：以物易物并不能帮我们的交易模式带来利益的最大化，所以，后来人类就发明了用第三种方式代表货品的价值，也就是钱（货币）的产生。这样一来，交易变得容易很多，减少了不必要的浪费。我们知道黄金是一种流通货币，黄金主要在地下，地表上储藏的黄金并不是很多。黄金的工业用途很少，但是因为它的稀缺性，不能在短时间内无限取得，让我们相信这种贵金属能够用来代表价值。而且黄金相对其他东西来说，也比较容易携带，比如，在太平洋群岛上，有人会刻一块很大的石头并把它当成货币，交易时说我们家有一个车轮大小的石头。用它做货币，其实也可以，就是不方便携带。所以黄金在那时是第一种比较贵重的交易品，在老祖宗交易货币的过程中，牵扯到铜、银、黄金，这几种贵金属就是我们古代交易货币的前身，形成我们古代货币交易系统的一部分。

中国也曾经出现过以丝绸作为货币的时代，刘备入蜀后，最重要的赚钱工具就是蜀锦，蜀锦也成为一种交易的货币。货币代表财富，财富代表相对拥有多少物质。

正心

稻盛和夫是日本一位哲学家，提出成功等于态度乘以能力乘以努力，而其中三个因子，努力是从 1 到 100，一天只有 24 小时，再努力也就只有有限的时间可以利用；能力也是从 1 到 100；态度是从负 100 到正 100。从格物致知的角度来说，诚意正心，稻盛和夫很崇尚新儒学思想，觉得态度（正心）十分重要。

怎么运用金融思维？金融思维就是看待事物的态度。态度好了比其他两个因素都重要，如果你态度是负的，再怎么好你也会失败，你就会越来越穷，活得越来越差。财富只是一个工具，而金融思维其实是一个舍本求末的思维方式，龙生九子，九子各不同，众生都有自己的欲望。我不知道你们要追求什么，只能告诉你，要实现这个追求，在这个过程中你必须要有财富这个工具，所以我只是跟大家分享一个过程，而不是分享一个最终目的。最终目的没办法分享，每个人都不一样，正是我们的世界容许每个人都不一样，这个世界才有趣。而金融思维只是其中一个能让你从投资中赚钱的方法而已，并不是人人必须去学的方法。如果你已经达到自己想要达到的境界，那再去学金融思维就可能是舍本逐末。

不应拘泥

孔子还说过“君子不器”。记得在大学读东西方比较哲学的第一节课上，教授问我们的第一个问题是如何用英文翻译“君子不器”。在中国古代，不同的人对“君子不器”有不同的解读方式。曹孟德和朱熹都解释过这句话，其中一种是：君子不要让自己成为一个固定的模型。我也很喜欢一句话：“行云流水，不应该让自己成为一个一成不变的人。”正所谓兵无常势，水无常形，要与时俱进，我们所看到的东西是千变万化的。我们生活的方式、看待事物的方式也不应该是一成不变的，“君子不器”就是这个意思。

要能指挥自己的思维，而不是让思维控制自己

一位禅定印度修士告诉我这句话，思维是一个糟糕的主人，但是思维是一个很好的仆人。比如我们很容易看到一个东西，产生欲望，而欲望又驱使我们为了满足这个欲望做出一些行为，但是其实我们并不知道这个欲望到底是从哪里来的。人们经常说男人整天色眯眯的，其实这个男人不是用大脑来思维，这往往是他下意识被自己的欲望驱使。但思维是一个很好的仆人，你思考的时候，思维帮你解决事情。就好像你做一道应用题的时候，你根据自己所学，一步一步地去解这道应用题，那其实是你的思维在解决这个问题。但如果你在日常生活当中，经常被思维左右你的行为，忽略了你所学的逻辑和方法，这种情况就很糟糕。

怎么主导自己的思维，也就是怎么做思维的主人？答案就是纪律。每个人都应该有一种思维的纪律，指导你的思维达到你想要的目的。讲到这里，其实我们才开始启动思维这两个字。

怎么理解一件事情、一家公司、一只股票？

每个人看事物都是用自己的方式方法，因而每个人都会有理解的局限性。《金刚经》里面有一句话："一切贤圣，皆以无为法而有差别。"佛祖教育学生，一定要尊重每个人的想法，尊重每个圣贤。人类历史上不同的宗教、哲学圣人，都在探索天理，虽然各自观点有所不同，但却各有各的成就，不同的只是切入点不一样，所以我们不应该否定每一位圣人的思想，更不应该看不起别人的看法。

禅宗中讲"食不饱"，你整天在说吃，但是你不去吃怎么会饱呢？盲人摸象，摸到的都是大象的一部分，并没有真正了解全部。

所以人一定要虚心去接受新的事物，才能够得到新的可能。假设这杯水盛满了茶水，想喝咖啡，除非把茶水喝下去或者倒掉。不去盛咖啡，就不知道咖啡到底好不好喝；不肯倒掉那杯茶水，就少了一次让自己有另外一种享受的机会。茶水就是我们的成见，如果不抛弃成见，就很难体验新的知识。

普通人的眼睛平均只能看见眼前 10% 的事物，也就是说还有 90% 的东西我们没能看见，所以不要去排斥，保持一颗谦卑的心。社会经过了 40 年的高速发展，产生了很多以金钱作为衡量成功标准的成功人士，成功人士通过三四十年努力取得的成绩，让我们觉得有钱就是成功，可这个世界并不是一定要以一种形式的标准来定义成功。为什么我们需要有金融思维？金融思维只是工具不是目标，君子不器。

举个股票的例子分析一下什么叫金融思维。

腾讯 2004 年在香港上市，那时候大家都玩 QQ。有次我去丽江，当时的手机还不像现在的智能手机那么方便，在丽江古城进入一家网吧，每家网吧大约有 100 台电脑，走了三层，我看到每台电脑都登陆着 QQ，粗略算下有 300 多台电脑都开着，这就等于腾讯在一个网吧里就有 300 多个用户，这点可以证明，腾讯不缺客户，在互联网世界的渗透率很高。

回到公司，公司一位接近 30 岁的董事，在网上打牌，用 Q 币交易，我提起了兴趣，把腾讯上市招股书仔细看完。腾讯那时候做 10 亿元的生意赚 7 亿元，做 10 元钱生意赚 7 元钱，利润率很高。

为了证实腾讯业务的真实性，我就跑去南山腾讯办公室，跟腾讯销售说有 750 万美元的费用，想买广告，销售人员叫我在门口等了 3 小时。竟然需要排队买广告，可以看出生意确实很好。等待期间我去洗手间，那里也十分干净。

回来后我开始分析，腾讯的受众是谁。那时候是 2004 年，家长都把孩子留在丽江等小城镇，自己千里迢迢去大城市上班，这个月他们赚 1000 元，给孩子 10 元钱零花钱，孩子就用 2 元钱去买 Q 币。工厂生意一直不错，家长收入因而也提升了 10% 或者 20%，假设父母的工资从 1000 元升到 1300 元，多了 300 元可支配收入，疼爱孩子就多给他 10 元钱零用钱，孩子就有 20 元钱零花钱，孩子玩 Q 币输给了我公司的董事，愤怒之下就用 4 元钱买 Q 币，本来用 2 元钱，现在用 4 元钱。你们想想看，腾讯首先在客户来源需求上不构成问题，且黏性很高，上升空间很大。第二，腾讯赚的钱的边际利润增长很快，买 4 元钱 Q 币，并不需要加服务器，成本不会增加，但是对他们整个生意额是百分之一百的收入增长。之前的 2 元钱需要成本，之后的 2 元钱就完全是利润了。思考再三，我参与投资了腾讯的一次公开募股（IPO），成本是 3 元港币一股，后来一拆五，等于 0.6 港元一股，现在将近 400 多元港币了。16 年来暴涨 666 倍。

留意你们身边的东西，去寻求投资的机会。我们的社会在不断地进步，全球充满了机会，以后类似腾讯这种公司会有很多，机会很多，选对了，人生有时候只做一件事情就能改变人生轨道。首先我们要细心观察身边的事情，赚钱的机会就在身边。如果我不去关心腾讯的线下表现，还有它的报表，更进一步思考为什么那么多人会用 QQ，那么我就错失了投资腾讯的机会。但是怎么去发现机会？尽量去多发掘，所有这些发现都要靠你平常积累下来的知识。比如投资腾讯所需要的知识，涉及会计学、营销学、心理学。刚才我说到腾讯的洗手间很干净，这是内部管理，一家好公司一定需要良好的管理。建议大家平常多看书，多看新闻，虚心一点，杂学旁收，这是金融思维必需的第一步。

知识的累积是金融思维的前提

在强调思维方式之前，一定要拓宽自己的知识面，应具备一颗炙热的少女心，这颗少女心会让你很敏感，感受到身边到底有什么事情在发生，然后用你储备的知识分析整件事情。而分析这件事情的态度就是要多问几层为什么，挖掘最根本的原因，然后再决定要不要投入。

什么类型的公司值得投

那么作为个体，怎么去选择一家好的企业投资？有三个方面要考虑——管理层、收入模式、竞争壁垒。怎么知道它的管理层到底好不好呢？首先，一个管理层好不好通常与过往报表有关，虽然我们不可能知道明天好不好，但是可以透过过往业绩或者过往报表，综合自己平时累积的经验，配合自己的研究调查，通过公司的历史来判断管理层的优劣。第二是收入模式。一般来说，上市公司的收入模式不难理解，不然也无法上市，如果上市的时候公司还处于亏损状态，那就要仔细地去研究一下，多参考类似的上市公司进行比较。比如最近有朋友投资了我看不懂的一家公司，但是背后也有一套投资的逻辑。对于一家公司如果你读不懂或者不认可它的商业模式，就不要买它的股票，直到读懂为止，或者放弃。没有人会为你的错误付出代价，只有你自己。有疑问就不要投。第三是竞争壁垒，什么是竞争壁垒？就是公司凭什么能和行业竞争对手竞争。现代社会的竞争壁垒，一般来自公司自身的不可替代的技术，也就是除了公司自己，别家公司完成不了同样的任务。或者是垄断性的公司，包括国家政策的保护性垄断或者市场占有率很高的公司。

投资就这三方面。当你的思考行为、思考逻辑没有形成之前，请大家留意每家公司的三个层面，私募基金要投一家公司，也是考虑这三方面。来来去去就是这几板斧，不同的是你的思维角度，到底是摸象的尾巴还是摸象的牙齿，怎么样摸到象，虚心一点就多摸一下，这样就能从多角度来形成象的轮廓，你的知识让你在脑海勾画出象的样子，这就是所谓的思维方式的不同。

因为股市的兴旺，让你得到很多投资机会，如果喜茶上市的话，它就是一个很好的参考对象。如果奈雪也上市，可以比较两家到底谁赚钱。根据财务会计学知识，你就会得出一个分析结果，但是记住一定要让自己博学，让自己的心要定。所以我们身边处处是金融。

知行合一

当今社会，每个人所接触到的知识都是平等的，你看的东西跟我看的东西其实都差不多，差别就是你想不想看而已。所以把知识转成智慧还不够，把智慧烙进脑海里面之后，能把那些智慧转化成行动，智慧才真正属于你。知而不行，行而不知，智慧都不会是你的，只有通过知行不断的互动，智慧才能够为你所用。

知道最容易，我们知道很多东西，最重要的是要去做，付诸行动；做不了就想办法去做。这种思维方式也许你一开始不习惯，当它成为你的习惯之后，以后自然而然就成了你的一部分。

通过投资带来的被动收入的机会很多。而投资什么，怎么投资，都需要具备相关的知识，仔细调查，建立自己的思维模式。思维模式的构建不可能一蹴而就，要让不拘泥固有的模式，习惯去观察，习惯去分析，这就是金融思维的养成。

作者简介

周伟强

资深投资人，主理环球家族基金，经营管理过股指量化基金、大中华基金等，现主要研究经营 AI 程序交易投资。永远活在海风能吹到的地方，关注点从未离开过金融，超过 20 年的股海翻腾经历，被海啸卷走过，又常年执帆乘风。

经济学为什么有意思？

Nash

对经济学了解越多，就越能感受到个体在命运面前的无力。

近年来，关于经济学的争议话题越来越多，批评也越来越多。这是一件好事，说明经济学开始被更多人接受和认可了，至少是部分认可，大家才会去关注它。我特别想跟大家分享的一个问题就是，经济学为什么有意思？

提到经济学，大家首先会想到什么问题？市场供需、货币政策、财富管理、利己主义、理性假设……当然，还有这两年互联网上经常提到的“经济学思维”。好像掌握了“经济学思维”，就能开启华丽人生的篇章，稳步走上成为成功精英的道路。不！恰恰相反！对经济学了解越多，就越能感受到个体在命运面前的无力。

针对经济学，有三大批评。其一，什么话题都研究；其二，无法自圆其说，一堆与现实不符的假设，尤其是理性人假设，连根基都是错的；其三，经济学是自私自利的，只讲金钱利益。

经济学有没有研究边界？没有。自然学科认识自然世界，社会学科认识社会世界。一个物理过程，可以是一个化学过程，也可以是一个生物过程，也必然是一个数学过程。大家从不同的自然学科去认识同一个自然世界。社会学科也不例外。只要是社会世界里的问题，都在经济学的研究范围之内。

那么经济学是站在什么立场上去认识社会世界的呢？经济学，是一门基于唯物主义的世界观、结构主义的方法论、人本主义的价值观来认识社会世界的学科。这也是在我个人眼中，经济学如此有趣的原因。

唯物主义的世界观

怎么理解经济学的唯物主义世界观呢？就是说一切社会系统中的变量，在经济学视角下都是内生变量。什么叫内生，就是说它是一个长期默默形成的结果，而非天然就存在的东西。我们经常认为文化、习俗、制度、道德、生理差异等都是一种给定前提。然而在经济学视角下，它们都不是前提，只是一种结果。我举几个例子来讨论一下。

气候变化与文明兴衰

中国著名气象学家竺可桢在1973年发表了一篇论文，记录了中国在五千年文明史中多次平均气温大起大落的气候变化周期。中国科学院的葛全胜老师也复盘了中国古代气候的变迁过程。由其研究可知，每一次朝代更迭，都与气候变迁相对应。当平均气温上升时，王朝进入兴盛阶段。当平均气温下降时，王朝进入衰落阶段。

古代的经济生产以农业为主，靠天吃饭。平均气温升高时，有利于农业生产，国富民丰，国泰民安。平均气温降低时，不利于农业生产，饿殍遍野，内外皆乱。从某种意义上说，也是自然时势造就历史。

这种影响并不仅仅存在于中国历史。加拿大经济学教授克里斯汀与法国经济学教授艾尔本在一项研究中发现，罗马帝国北部地区降水量的显著下降增加了其北方地区发生战事的概率，也显著提高了罗马帝国皇帝被杀的概率。而欧洲学者的研究，多次证明气候的变化在特定阶段有利于游牧文明而不利于农业文明，显著地助力了匈人王阿提拉与蒙古王成吉思汗的向西征伐。或者说，那些年一股股寒冷的西风，才是真正的“上帝之鞭”。

香港中文大学的白营老师与香港科技大学的龚启圣老师，搜集了中国历史上2000多年游牧文明与农耕文明的战争数据，研究发现，气候变化所导致的自然灾害，是导致北方游牧文明与中原农业文明冲突的重要原因。山东大学的陈强老师也在其研究中发现，自公元前221年以来，随着降雨量的减少，中原农业文明王朝被游牧文明征服的概率也随之上升。

当然，并不是说文明的兴衰完全取决于气候变化，这违反了辩证唯物主义。但反过来，气候变化对文明的兴衰确实存在着不可忽视的潜移默化的影响，历史也是自然条件下唯物主义的结果。

经济生产与文化形成

为什么游牧文明没有农业文明发达？为什么世界上会存在着不同的社会文化？我们依然可以从经济学里找到蛛丝马迹。

在古代，经济生产主要是农业生产，这使得经济产出在很大程度上需要靠天吃饭。而相比农业文明，游牧文明更需要靠天吃饭。这在经济学里是个什么概念呢？这叫作劳动投入的边际产出。什么意思？就是我们每多干一天活，能获得多少产出的增长。

当边际产出较低时，整个社会处于相对不安的风险预期中，这不利于思考科技文化，也不利于形成更高级的社会组织结构。而当边际产出较高时，整个社会处于相对安心的风险预期中，这有利于思考科技文化与形成更高级的社会组织结构。

从另一个角度来讲，正是由于边际产出较大，才使得人们有“热爱劳动”的意愿。因为只要努力，就能获得更多的产出和财富。而由于边际产出较小，人们就没有“热爱劳动”的意愿。因为无论你怎么努力，产出都不会增加。这在游牧文明的生产结构中，体现得尤为明显。能够放牧多大群体规模，主要取决于气候条件，而非放牧水平的革新。事实上，农业生产技术的革新、育种水平的提高、农田水利的建设、新农作物的驯化等，都会极大地促进产出增长。

这种影响不仅体现在历史中，也存在于当今的时代。在中国企业对外投资的过程中，经常会听到对于部分地区劳动力不积极和懒惰的批评。从历史角度来看，那些地区的人们，一直处于边际产出较低的状态，或者说，从来就没有机会体验过“有志者事竟成”或“劳必有所得”的奖励，一定程度的消极是长期潜移默化的结果，而要改变这种状态，就必须依靠边际产出不断增长的正向激励，长期影响才有可能带来改变。这一点，对于我们任意个体也同样成立。

即便是在中国，也呈现出不同地域的风险偏好差异、企业家精神差异和不同的勤劳程度。历史上边际产出较高的地域，人们面临相对更小的生存风险，有利于形成更积极大胆的创新偏好和风险视距。而边际产出较低的地域，人们面临相对更大的生存风险，不得不采取更加节省和保守的生活态度，不利于形成积极大胆的创新偏好和风险视距。

美国经济学教授瓦西里奇与艾伦在一项研究中发现，在排除了各种各样的必要影响后，不同地区适种农作物对劳动时长的要求，对当地人的平均工作时间长度具有显著的正面影响；并且在移民群体中也发现，那些来自对农业生产要求时间更长的国家的移民后代，也保持着更为积极的工作投入。换言之，即便是脱离了自然环境对经济生产的约束，这种影响还是能够通过家庭文化与教育传递下去。从这个角度来说，勤劳勇敢的中国人民还真不是徒有虚名。这也是相比游牧文明，农业文明留给后代的一笔隐性财富。

众所周知，中国自改革开放以来取得了巨大的经济建设成就。而较少为人所知的是，这是我国在育种技术、化肥工业、农田水利等方面主动出击的结果。中国在改革开放前就通过集体行动兴建了大量的农田水利设施，为改革开放后的快速增长打下了基础。而早在“七五”时期（1986—1990），中国就开始组织对农作物育种进行系统攻关，仅三大主粮（稻谷、玉米、小麦）就在全国建成 1068 个国家与省级品种实验基地。随着 20 世纪 90 年代化肥工业的不断成熟，粮食单产水平绘制出了5000年来最快的增长曲线，极大地促进了农业生产率的进步，使得更多的劳动力向第二、三产业转移成为可能，在加入世界贸易组织以后发挥出巨大的能量。这种边际产出增长，极大地提高了全国人民对勤劳奋斗的信任与推崇。

无论从哪个角度来讲，我们是否勤劳与富有创新精神，在某种意义上，都是一种自然条件与历史时代赋予的恩赐，而不能简单归纳为个人意愿的差异。这正是经济学唯物主义世界观的视角，也提醒着我们看待世界、周围和自己时，需要秉持更宽容的态度。

国际经济与国家发展

中美贸易争端使得原本不受重视的国际经济话题进入了大众视野。很多人认为国际金融、国际贸易属于现代学科，其研究问题只存在于当今时代。事实上，这在经济历史中也并非新鲜事。

有很多文章都讲过古代长城的重要意义，不仅在于其军事目标，更重要的是经济外交意义。古代对外贸易活动不同于当今的大宗物流，比如要依赖港口或机场及其配套基础设施才能实现，古代走私更加难以管制。只有将所有的对外经济活动集中到有限的关口城镇，才能更好地获取贸易关税以及对关外游牧文明实施经济控制。因此，从经济账上算，修建长城也许并没有直观感觉那么“浪费”。

而更重要的是，古代商品流动必然对应着以白银等为代表的资本流动，而由于古代并没有信用货币体系作为管制，这就很考验中原王朝的财政能力。在我与两位同学 2019 年的合作研究中，我们发现英西战争的持续，海上霸权的反复更替，使得海上贸易存在着一段时期的下降和真空，使得明朝后期的白银流入即便是相比贸易限制，仍然大幅减少，进而削弱了明朝的财政能力，使其原本就捉襟见肘的财政体系雪上加霜，也为其历史悲歌埋下了隐患。

香港科技大学的龚启圣老师在 2014 年的研究中，发现明朝海关实施贸易管制的措施，显著增加了倭寇活动的概率，而那些原本贸易活动就频繁的地区受到的冲击更大。辽宁大学的杨攻研老师也在其一项研究中发现，19 世纪以来的贸易冲突显著增加了军事冲突的概率。

尽管古代的全球化水平极其有限，但我们依然可以从中窥见国际经济活动影响国家发展的蛛丝马迹。时至今日，全球化水平不断加深，任何国家都已不能独善其身，国际经济活动对于国家发展的影响就显得更为重要。这种影响大到国家，小到个人，都是非常显著的。

很多人觉得宏观问题与己无关，这是不全面的。比如在宏观理论中，一个时代的人力资本结构是由一个时代的产业结构决定的。或者说，你学过什么课程，你会什么技能，你想要考什么证书或掌握什么知识，都是这个时代要求你的。而随着时代的变迁，经济产业结构必然会发生变动，这种变动本身也是一种技术进步和经济进步的标志，这就使得大部分的人都会面临中年职业危机，经济学上称之为结构性失业。我们很难具备长远眼光，个体的成功更大概率上是一种运气，我们需要依赖整个世界保持健康稳定的发展。在全球化深化的未来，外部变化对我们生活的影响也会加剧，而我们做好准备了吗？

我们通过三个例子论述了经济学是如何用唯物主义世界观去认识这个社会世界的。事实上，这样的故事可以讲出一部《一千零一夜》。虽然现实中的经济学研究远不止于此，但无论在大众眼中，经济学的理论模型或实证实验做得多么高深，其本质都源于“从唯物主义来认识这个社会世界”的世界观。

结构主义方法论

第二个问题，什么是结构主义方法论？如何看待经济学体系不符合现实的假设？

要讲明结构主义方法论问题，比较复杂，恐怕需要接受相对完整的经济学训练，因此我们不展开讨论。举一个简单的例子，在遭受外部冲击，国内经济发展受到影响的情况下，我们需要进一步去讨论影响到了哪些群体，影响到了这些群体中的哪一部分人。经济学在宏观层面致力于形成一般性理论，而在微观层面则希望有更深入的结构认识。微观结构认识越精确，宏观层面的一般性理论也就越可靠。

针对经济学假设不符合现实的批评，简单讲两点。

其一，不符合现实的假设，往往是指在现实中能找到不满足假设的个例。这存在两个误解：首先，假设是原因之一，是必要条件，个例是结果，从结果谈原因，认为假设不是充分条件而证明假设不成立，是一个逻辑错误；其次，经济学假设是追求一般性规律，以个例与特定现象来说明一般规律不成立，也是以点击面的逻辑错误。

其二，很多人认为人不是永远理智的，所以理性人假设不成立。大多数人对经济学中的术语，都是按照中文词典释义去理解的。举个例子，例如有人用羊群效应来批评理性人假设，认为从众行为就是一种不理性的代表行为，由此来说经济学已经完全被颠覆。假设你走在路上，突然前面的人都向后跑，你跑不跑？跑，就意味着你从众、不理性。但是你说“等会儿，我不跑，让我看看什么情况”，这才是理性吗？这正是大众对经济学术语的误解造成的。在赫伯特·西蒙的有限理性定义中，理性是指人在有限信息约束下，采取对自己效用期望最大化的决策。当然这是一种不严谨的说法，理性的严谨定义是一门非常细致的理论。有限信息约束，大多数人都向后跑，你只知道这个信息。效用期望最大化，如果类似场景重复 N 次，你采取哪种决策的平均结果会更好？我想任何人都明白，此时理性决策就是跑！

因此，当我们说理性假设时，是指人面临绝大部分情形下会做出的一般性反应规律；而当我们在讨论某一情形中不同人的理性差异，比如在金融中，不同群体会做出不同的反应时，这就是对结构的解构；进而在得到足够清晰完整的解构基础上，再预测他们针对未来趋势的反应，加总得到总体的市场波动表现。这就是结构主义的方法。

在我与学生的合作研究中，我们发现从 2001 年到 2019 年间，无论是本科生还是硕士生，女生比例相对于男生比例持续上升，硕士女生比例又高于本科女生比例，而造成这种失衡的原因并没有那么表面化。如果你单单从总体角度去看，可能就会得出应试教育更适合女生，或者说女生更会考试这种偏误结论。但如果从简单的结构主义角度去解构，我们把男生女生都分为学习好的学生和学习一般的学生，就会发现学习好的学生更大概率拥有机会继续升学和找到工作，而在学习一般的学生中，男生则拥有更大概率找到工作，女生找到工作的概率更小，被迫选择继续攻读学位，甚至在这种预期下，更多女生一开始就直奔继续读书的目标。当然，导致这种高等教育性别失衡的原因还有很多其他因素，比如婚姻中的财政责任、对外开放后新增就业岗位的性别需求比例、读书与否的回报权衡等，但都能够以解构的方式得到更精准客观的理解。这就是结构主义的方法。把一件事情拆开，进行解构分析，然后再组合起来。

行为经济金融学也不是指人不理性了，而是指在绝对理性的基础上构建的各种均衡模型有时候会失灵，需要改善。事实上这种理解也并非新事物，20 世纪七八十年代就已被经济学界主流吸纳。之所以对经济学存在误解，有两个原因：一是国内经济学教育科普还比较滞后，停留在 20 世纪六七十年代的水平；二是由于翻译问题，有很多英文词语在中文里没有完全对应的词语，按照中文释义去理解难免引起误解。

人本主义的价值观

第三种批评，认为经济学只讲自私，只谈金钱利益。事实上，经济学是讲自私，但绝不是讲金钱财富的自私，而是个人心理感受的自私。比如你帮助了别人，哪怕并不期待别人的感谢，但是你因为坚持了自己的原则而感到高兴，这也是一种自私。自私在经济学里并不是一个贬义词，你把它换成自我满足，就不会有这种批评了。

我一直认为经济学是有很强的人本主义价值观的。当我们在经济学中谈论“经济关系”时，其实并不是指人与人的金钱利益关系，而是指人与人在经济学中的“经济关系”，或者说不同人效用函数之间的影响。比如我在网上看了一个悲伤的故事，会感同身受去鼓励作者；看到一个高兴的故事，也为之高兴去点赞。此时，我跟作者之间具有一定的“经济关系”，或者说，他的效用函数（内心感受）影响到我的效用函数（内心感受）了。当然，不同经济关系有强有弱，而金钱利益关系是一种较强且直接的经济关系，金钱利益关系是经济关系的一种，但并不是经济关系本身。事实上，从另一个角度，这是“社会人性”在经济学中的形成与定义。这也是我认为经济学研究始终具有人本主义价值观的基础，其研究的出发点是基于对人与社会人性的理解，然后试图通过唯物主义世界观和结构主义方法论，对人所构成的社会进行认识，最终还要回归于如何让人们过得更好的现实目标。

当然，今天跟大家分享的内容并不是说经济学是完美的。我们仍然需要其他社会学科的补充与支持，才能对社会世界形成更完整的认识。但无疑，现在互联网平台上所宣扬的“经济学思维”和各类“经济学科普”，在很大程度上存在以偏概全、哗众取宠的倾向。经济学没有什么神奇的思维，经济学所使用的逻辑与其他学科本质并无不同，也没有什么“包你致富”的万能法宝，它只是基于唯物主义视角去认识发现社会世界的一门学科而已。

作者简介

Nash

经济学博士、金融硕士和数学学士，感觉自己始终还没入门，一拳击碎三个鸡蛋的格斗选手，连续挥刀一千下也得大喘气的古流剑士，全球 Top Tier（顶级）白日梦想家。目前在一所双非高校从事经济学教学工作，搬砖糊口。

行走社会，哪些法律知识会帮到你？

朱诗睿

罚款是剥夺公民财产权的行为，其实质是一方对另一方经济资源的单方剥夺，这种剥夺必须要有严格的法律依据。

我们知道，法律是一个非常广阔的领域，能够介入生活中各个方面。

举个例子，很多人在一线城市生活，都免不了要租房。在知乎上就有个比较有意思的问题：你在租房的时候遇到过哪些奇葩的室友或者哪些有趣的室友？对于年轻人来说，租房必然是常态，在租房的过程中肯定也遇到过非常多有意思的事情，当然也会遇到许多纠纷。

租房的法律常识

在租房过程中，经常会遇到房租涨价、邻里纠纷之类的问题。我检索了一下全国的租房纠纷分布，发现一个非常有趣的现象：这些纠纷大部分都发生在北上广深这些大城市，或许应了那句“北上广深的年轻人没有灵魂，因为他们的灵魂都被租金抓走了”。

当代很多年轻人在租房的时候喜欢改造房屋，那么在改造房屋方面，有什么值得注意的呢？

需要关注的第一个问题是，承租的年轻人可以对承租的房子进行改造吗？

答案是可以，但是必须经过出租人的同意。

虽然说承租人经出租人同意可以进行改造，然而口头上的同意总有些许风险。为了尽可能降低风险，莫如白纸黑字，故而承租人最好在获得出租人的书面同意之后，再进行房屋改造。当然，即使承租人获得允许进行改造，也不意味着可以随心所欲地改造，承租人不能随意改变房屋的机构，譬如拆除承重墙之类。

那么如果承租人没有得到出租人的同意就私自开工了，会有什么样的后果？

《民法典》第七百一十五条：承租人经出租人同意，可以对租赁物进行改善或者增设他物。承租人未经出租人同意，对租赁物进行改善或者增设他物的，出租人可以请求承租人恢复原状或者赔偿损失。这就意味着若未经出租人允许就进行改造，承租人要恢复房屋原有状态，或者赔偿出租人因此造成的损失。

知乎上还有个问题是："那些爆改出租屋的知友，你们退租后房东有什么表示吗？"我理解大家其实想问的就是"如果解除房屋租赁合同，又当如何处理改造（装修）的房子"。就这个问题来说，就房屋租赁合同解除而言，之前所谓承租人的改造，如果是属于家具之类的动产，自然可以由承租人自己收回；而对于改造时附着于建筑物之上，无法剥离的材料，处理则要区分情况了，举两种常见例子：

1. 租房改造时经过出租人同意

正常退租的时候自行拆除也好，约定折价给出租人也好，按照双方之前的约定。

2. 租房改造时没有经过出租人同意

一般而言，由于承租人并未获得出租人同意就进行了房屋改造，往往会引发提前解除房屋租赁合同。此种情况下，由于承租人的原因导致合同被提前解除，那就要自负责任了，承租人可能要给出租人赔偿一笔钱，又或者需要恢复原状。

也许有读者会问，我不是租房的，之前遇到过出租房屋给别人导致吃了大亏的情况，以后我出租房屋有哪些地方需要注意呢？

其实这可以合并成为一个好问题，也就是"承租人和出租人在类似事件中应当如何规避风险”。因为房屋租赁之中纠纷频发，故而无论承租人，还是出租人，都应当用心对待房屋租赁合同。

为了避免后期产生纠纷，承租人和出租人最好在房屋租赁合同中对各自的权利义务做详细明确的书面约定。譬如就房屋改造而言，双方应当事先谈好要不要在承租期间进行改造，合同履行完毕后对改造的房屋应当如何处置等关键问题，比如装修材料是无偿归出租人，还是折价给出租人，又或者直接约定租期届满，承租人应当拆除，装修，恢复房屋租赁前的原状。

在这里我给承租人和出租人双方一点规避改造风险的建议。

对承租人而言，房屋改造一定要取得出租人同意，并约定如何处置合同履行完毕后的情况。

对于出租人，也就是俗称的房东而言，自然是要注意证据的保全问题。在将房屋交付给承租人使用之前，用设备（手机、相机之类）通过摄影摄像的方式将房屋内部情况（比如房屋内部格局、家具摆放情况等）加以记录，以避免在租赁期届满，要求承租人恢复房屋原状之时发生争议，无法提供证据。

说完了租房，说说退房，有些读者问，承租人能提前退租吗？

在大城市工作，总会出于这样那样的原因需要搬家，所以提前退租并不罕见。那么我们可以提前退租吗？在退租的时候又需要注意哪些方面？

对于这一问题，要基于出租人和承租人当初签订的租房合同来分析。如果租房合同中规定了租赁期限，同时没有对提前退房退租问题做出特别规定的话，承租人提前退租就是一种违约行为，应当承担违约责任。承租人提前退租，应当在合理的期限内提前通知出租人，以便出租人能够找到新的房客。

也有读者问，因退租而导致违约，出租人能否扣留保证金（也就是我们平时说的“押金”）和预付的房租？保证金本质上是为了保证承租人履行租房合同，故而，如果承租人违反合同约定提前退租，出租人完全有权按照合同条款约定，扣留部分或者全部保证金，但是需要提醒的是，出租人无权扣留预付的房租。一般来说，租房合同约定的都是“如乙方违约，预付租金及保证金不予返还”。这里展开说一下，这一表达虽有法律上的问题，也就如上文所说的，承租人违约，出租人有权扣留保证金，但无权扣留预付房租，但是在承租一方退房构成违约的时候，房东完全有权扣留保证金不予返还。

有年轻的朋友担心，如果在退租的时候不小心损坏了房屋，那么该如何应对房东的狮子大开口？也就是说，如果承租人对房屋造成了损害，是否应当赔偿？此时我建议这样做，首先和出租人达成解除租赁合同的协议，然后和出租人约定时间检查出租房屋。如果承租人对房屋有所损害，承租人应当赔偿，但这个赔偿数额要根据房屋的实际损害情况来定。

退租的时候还需要注意一点，就是要关注租赁合同解除时间，承租人想解除合同，就应当马上通知出租人。而自通知到达之时起，租赁合同解除。此时，如果出租人对此有异议，后续可以请求法院或者仲裁机构确认承租人解除合同的效力。这里容易被大家忽略的是，如果租房的时候在机构进行了房屋租赁登记备案，那么退租的时候一定要去同一机构撤销房屋租赁合同备案。这一点很容易被大家忽略，尤其值得注意。

职场法律问题

接下来我们分析几个职场法律问题。在步入社会之后，每个人基本都成了一名职场人，在不同行业，大家所遇到的职场法律问题都有所不同。

举个例子，某程序员把公司的核心代码传到了公开的网站。对于程序员来说，他内心希望拥抱这个世界：我把代码分享到其他平台上，跟别人进行分享，会觉得很有成就感——不是为了金钱，不是为了利益，而是单纯为了成就感。然而很遗憾，将公司核心代码上传至公开的网络平台的行为，实际上是触犯了法律的。

当然，以上的职场问题不一定具有普遍性。我们还是说说最为普遍的劳动法问题。

无故旷工是否可以解除劳动合同?

入职方面的法律常识相信大家基本耳熟能详，而关于离职的关键法律常识就很少有人关注：用人单位单方面解除劳动合同不仅要符合实质要件，也要符合程序要件——这就意味着我们作为劳动者可以利用这个常识来进行维权。

相信大多数人都会认为，员工在严重违反公司规章制度的情况下，单位可以单方面将员工解雇。按照正常理解，员工旷工达到一定程度，单位依据相关制度行使劳动合同解除权，一般认为合法合理。

从理论上来说，旷工属于劳动者的过错，按《中华人民共和国劳动合同法》（下称《劳动合同法》）第三十九条，单位完全可以以违反用人单位的规章制度为由，施行解除劳动关系。从我国现有法律规定出发，违反企业规章制度解除属于单位可以援用的绝对效力条款。

然而有新闻报道，某家企业因员工无故旷工 3 日将其解雇，最终却要赔偿员工近 10 万元。

这个案子经法院审理后认为，根据《劳动合同法》第四十三条规定，用人单位单方面解除劳动合同，应当事先将理由告知工会。如果用人单位没有履行告知义务就单方面解除劳动合同，劳动者可以以违法解除劳动合同为由，要求单位支付赔偿金。

为什么会这样呢？

用人单位事先约定规章制度，员工无故旷工，违反了规章制度，这仅是解除劳动合同的实质性要件（对于实质性要件，劳动法律法规有专门的规定），但要想单方面解除员工劳动合同，是必须事先将理由通知工会的——这是平时不太为人所知的解除劳动合同的程序性要件。

《中华人民共和国工会法》（以下简称《工会法》）第二十一条和《劳动合同法》第四十三条均规定，用人单位单方解除劳动合同，应当事先将理由通知工会；用人单位违反法律、行政法规规定或者劳动合同约定的，工会有权要求用人单位纠正。用人单位应当研究工会的意见，并将结果书面通知工会。

《最高人民法院关于审理劳动争议案件适用法律若干问题的解释（四）》第十二条也有类似规定。

因为《工会法》《劳动合同法》等所做的程序性规定是效力性规定，这意味着工会依法享有在用人单位解除劳动合同时的事先知情、要求纠正和要求处理的权利。如果用人单位违反了该程序性规定，其解除劳动合同的行为将被认定无效。

所以用人单位自然可以在内部规章制度中规定，劳动者旷工等行为构成严重违反规章制度，并以此为由解除劳动合同。不过用人单位据此单方解除劳动合同，应事先将理由通知工会。这对劳动者算是个保障。

迟到扣工资合法吗?

另外一个值得分析的是关于迟到扣工资的问题，那么企业有权对员工迟到进行罚款吗?

这是一个好问题，首先说结论，企业罚款实际上是于法无据的。

该问题的焦点是企业对员工进行罚款有无事实与法律依据，归根结底是企业是否有罚款权。

要分析这一问题，首先要确定罚款这一行为的性质。

从法律上讲，罚款是剥夺公民财产权的行为，属于财产处罚范畴，其实质是一方对另一方经济资源的单方剥夺，这种剥夺无论是形式上还是实质上，都必须要有严格的法律依据。

那么企业有无罚款的权利？

根据《中华人民共和国立法法》和《中华人民共和国行政处罚法》规定，对财产的处罚只能由法律、法规和规章设定。只有行政机关才有罚款的权利，企业是以营利为目的的经济组织，在规章制度中设定罚款条款，本身于法无据，无权做出罚款的决定。至于企业有权罚款的法律依据——1982 年的《企业职工奖惩条例》，早已于 2008 年废止。按现行法律法规，企业设立罚款制度无法律依据，对劳动者不具有法律约束力。

即使有人认为《中华人民共和国劳动法》和《劳动合同法》"法无禁止即自由"，企业可以罚款，但我仍不敢认同此观点，因为罚款属于公权力范畴，并非平等的民事法律关系，故其必须基于法律法规做出。因而企业罚款既不合法，又不合理。

在司法实践中，劳动争议仲裁委员会和法院大都会认为用人单位无权直接对职工进行罚款，企业的多数罚款均为无效，员工有权不予支付或讨回。

举两个实际的例子供大家参考，一个是广东省高级人民法院（2017）粤民申 7481 号判决，法院判定"劳动法律法规只规定，因劳动者过错造成用人单位直接经济损失，劳动者应承担赔偿责任。因此，用人单位关于有权对劳动者进行罚款的约定，应认定无效"。另一个例子是吉林省扶余市人民法院（2017）吉 0781 民初 3492 号判决，法院判定"按照法律规定，罚款应由法律授权的部门依职权按照法定程序行使，因法律没有赋予用人单位对员工罚款的权利，被告对原告进行罚款违反法律规定，其行为是无效的，本院不予支持”。

作者简介

朱诗睿

知乎 ID：Three 诗睿。知乎律师，法律话题优秀回答者，微博十大影响力律师。法律从业者，偶有娱玩，不工于摄影绘图书法，亦不求甚解于苍茫书海，性甚嗜酒并茶，喜壮游天下，登于绝巅，临于河川，向逍遥也；然人生在世，大丈夫亦有浩然，千里快哉，肩匡正义，心亦向善，岂不足哉？于法律书籍之外，喜好读人文社科类书籍，尤其爱读历史相关书籍。

上海的建筑都有哪些门道？

荣 昱

安藤忠雄的成名作是一座非常小的住宅，他的设计理念是希望再小的房子也有能和自然交流的空间，于是在房子中间做了一个开放式的庭院。他希望房子的主人在这里能够感受到自然界的春风秋雨，花开花落。

建筑和我们的关系密切，无论是上班工作还是回家休息，我们一天大部分的时间都在建筑里，出门逛街或者散步也随时随地可以看到建筑。建筑塑造了我们的生活环境。

上海的建筑有成千上万座，大部分是普通的住宅和办公楼，还有一些则经过了精心设计，有精彩的故事，有的甚至还成了“网红建筑”（如图 1–1）。

图 1-1　上海陆家嘴

文化类建筑

复星艺术中心（见图 1-2）就是一座“网红建筑”。它位于南外滩，不是很高。外立面环绕着一系列金色的竖向金属圆管，可以缓缓转动，像中国传统戏剧舞台的幕帘。所以这栋建筑也被叫作“会跳舞的房子”。金属圆管共有 3 层，675 根，长度从 2 米到 16 米不等，管内嵌有灯光装置，转动时灯光会呈现出不同程度的重叠和疏密效果，显得优雅又神秘。复星艺术中心经常举办一些艺术展，比如日本“波点女王”草间弥生的展览。

图 1-2　复星艺术中心

复星艺术中心的设计师是英国的托马斯・赫斯维克。他 1970 年出生在伦敦的一个设计世家，母亲是一位珠宝设计师，母亲的祖父是英国一个著名奢侈品牌的创始人。赫斯维克成长于轻松开明的家庭氛围中，小时候曾肆无忌惮地把家里的家具和玩具拆了个遍，父母也没有责骂他，反而鼓励他研究玩具背后的设计。母亲给他看自己设计的珠宝，父亲带他到处参观建筑。赫斯维克就在这样的熏陶中渐渐长大。

到了上大学的年龄，他先后在曼彻斯特城市大学和皇家艺术学院学习 3D 设计，毕业之后，在 23 岁那年成立了自己的事务所。一开始没有什么项目，赫斯维克就接一些很小的设计，比如书报亭。

传统的书报摊简陋、凌乱，赫斯维克就想把这些报摊的杂志收纳进一个精致整齐的盒子里。于是他设计了一个形似坚果的弧形书报亭。从外面看有一层一层的横向线条，富有装饰性，而内部每一层正好可以放下一排杂志，成为一个很好的展示面。白天的时候门可以打开，杂志得到充分展示；晚上可以把门关上，既能防盗又很美观，仿佛是一个精致的城市雕塑。

做了很多像这样虽然小但是有意思的项目后，赫斯维克终于迎来了一鸣惊人的机会。在上海世博会英国馆的设计竞赛中，赫斯维克一举击败了当时处于巅峰的“设计女魔头”扎哈·哈迪德，赢得了英国馆的设计权。他和英国的种子银行合作，设计了一个让人惊叹的“种子圣殿”。

英国馆的设计概念是创造一个盒子，在上面插满 6 万根亚克力杆。亚克力是一种高透明的塑料，具有很好的透光性。每一根亚克力杆的端头镶嵌一颗植物的种子。种子本身非常漂亮，而建筑也并没有喧宾夺主，用透明纤细的亚克力杆把种子呈现出来，形成了五彩斑斓的效果。

每一根亚克力杆长 7.5 米，并且有一定的弹性和韧性，在重力的作用下自然下垂，有风吹过的时候会微微摆动，整个建筑就像有生命一样，有人亲切地称它为“蒲公英”。建筑的场地设计得像礼盒打开后的包装纸，赫斯维克说英国馆正是英国送给上海世博会象征友好的礼物。

开放后的英国馆成为 2010 上海世博会最受欢迎的场馆之一，

而赫斯维克也随之名声大噪，一鼓作气接连做了很多重量级的设计，包括伦敦标志性的红色双层巴士和 2012 年伦敦奥运会的主火炬。

主火炬由 200 多个花瓣状火炬组成，刚点燃时是一整束，然后慢慢散开。每个国家及地区的代表队可以拿走一支作为纪念，寓意奥林匹克的火种和精神传播到了每一个国家和地区。

赫斯维克把他的成功归结于他的童心，他说："我想孩子们总是很有创意，只是我比较幸运，从来没有人阻止我，从来没有人对我说现在你应该变成一个成年人了。"

最近几年，他的创造力又达到了一个高峰。

2019 年，在纽约曼哈顿核心区的哈德逊广场，赫斯维克设计了一个壮观的台阶状建筑。设计灵感来源于印度的梯井，层层叠叠，错综复杂。由于设计包含了多种角度，游人有很多机会可以和他人对视和接触，赫斯维克说，他想在城市中心创造一个所有人能交流和拍照的空间。建筑一经开放，便引来游客争相参观游览，很快成为纽约一大新地标。

赫斯维克设计的另一个作品是上海天安阳光半岛。有人把它称作当代的巴比伦空中花园。在设计之初，他仔细地思考了建筑和周边环境的关系。场地前方是一个公园和苏州河，比较开阔；背后是一些高层建筑，相对比较封闭。于是他做了一个坡形的设计，体量往景观较好的方向慢慢降下来，希望把人们的视线往景观的方向引导。赫斯维克在做第一轮方案的时候发现，整个项目有 800 多根柱子。通常的建筑设计中，柱子被隐藏在建筑里面，默默地承担整个建筑的重量。赫斯维克想到把所有的柱子延伸出屋面，赋予它们“表达”自己的机会。在柱头的地方设计成种植池，这样在每一根柱子的顶部都种上一棵树，最后种了几百棵树，形成了绿荫遮天的空中花园效果。

图 1-3　上海天安阳光半岛

光的空间是位于上海爱琴海购物公园的一家新华书店。它和旁边的明珠美术馆同为日本著名建筑师安藤忠雄的设计。这个设计是一个蛋形的空间，两层高的木色书架在狭小的空间里显得很有张力，给人一种被书包围的沉浸感，似乎能感受到书籍的光辉。提及设计理念，安藤忠雄说：“人们和书的关系日渐疏离，我希望这个空间能增加人与人、人与书的邂逅，使人们对书产生新的认识。”

图 1-4　光的空间

安藤忠雄是一名自学成才的建筑师。他小时候家里条件不是很好，但他很喜欢做木工，也喜欢去旧书摊看书。有一次他在旧书摊上淘到了一本勒・柯布西耶的作品集，一下子便被迷住了。勒・柯布西耶是 20 世纪现代主义建筑的奠基人，作品影响深远。安藤忠雄如获至宝，回家没事就照着书写写画画。

可是家里并没有条件送他去学建筑，于是 16 岁的安藤忠雄去当了职业拳击手。他的职业赛战绩还不错，23 战 13 胜 3 负 7 平。直到有一次他看了一位日本国家级拳击手的比赛，他突然意识到自己的天赋和水平可能一辈子也达不到那样的高度，于是他选择了退役，转行自学建筑。

他学建筑的方式是旅游，用拳击比赛的奖金到世界各地参观建筑，多次往返欧洲和美国。有一次，他得到了偶像勒·柯布西耶的地址，想要去拜访他。那个时候从日本到欧洲需要坐船，一坐就是几个月，船开到半路的时候，安藤忠雄得到消息，勒·柯布西耶已经去世了。他怅然若失，回到日本之后成立了自己的事务所，一边研究勒·柯布西耶的建筑，一边做自己的项目。他还养了一条狗，取名为柯布西耶。

他的成名作是一座非常小的住宅，叫“住吉的长屋”。他的设计理念是希望再小的房子也有能和自然交流的空间，于是在房子中间做了一个开放式的庭院。他希望房子的主人在这里能够感受到自然界的春风秋雨，花开花落。虽然有人批评这个房子的实用性不是很强，比如去上厕所还要经过室外，如果下雨还要打伞，很不方便。但是更多的人还是被这个房子的理念打动，各种奖项纷至沓来，这个设计也为安藤忠雄带来了更多新的项目机会，其中就包括大名鼎鼎的光之教堂和水之教堂。

光之教堂是一个简单的混凝土盒子。安藤忠雄在祭坛的墙上设计了一个巨大的镂空十字，这样光线就可以从室外透进幽暗的室内，形成强烈的宗教震撼。而水之教堂则将十字架放置在了远处室外的水池中，仿佛将室外优美的景观也纳入了教堂的内部，让人心旷神怡。

后来，安藤忠雄的项目越做越大，遍及世界各地。除了光的空间，他在上海还有几个项目，例如嘉定保利剧院、上海国际设计中心、震旦博物馆等。

历史类建筑

武康大楼建于 1924 年，也叫作诺曼底公寓。它的基地很特别，位于淮海中路、武康路等五条道路交会的路口，是一个三角形的地块。建筑师拉斯洛·邬达克因地制宜，利用地形就势做出一个三角形的体量。其宏伟的气势如同战舰破浪而来。在路口转角的地方设计了一个圆弧形的倒角，避免尖角正对路人。立面采用了经典的三段式设计，一二层采用斩假石的外墙饰面，三至七层采用清水红砖，顶层设计有连通的阳台。武康大楼建成之初是上海著名的高档公寓，最早的住户大多是租界时期的外企高管。后来则是上海政界、演艺界的名人住在这里，如赵丹、秦怡等。

图 1-5　武康大楼

武康大楼的设计师邬达克是匈牙利籍，他有着跌宕起伏的传奇经历。邬达克小时候家庭环境很好，父亲是建造商，他从 9 岁起就在父亲的工地上当童工，上大学之前拿到了木匠、石匠、泥水匠等一系列证书。后来考入匈牙利皇家约瑟夫技术大学，毕业之后赶上一战爆发，于是邬达克参了军。在一次战斗中他被俄国的军队俘虏，他们把他关押在西伯利亚的集中营，在那里待了几年。有一次骑马他从马上摔了下来，腿骨骨折，因为医疗条件很差，造成了终身残疾。后来他的命运出现了转机，俄国十月革命爆发，国内一片混乱，他们这些外国战俘也没有人管，于是在一次火车运送途中，邬达克跳车逃跑了。他先是到了哈尔滨，接着又辗转来到上海。刚到上海的时候，他一个人也不认识，也没有人认识他。后来他凭才华白手起家，成为上海首屈一指的建筑师。邬达克在上海设计了一百多栋建筑，其中有很多保留到了现在，包括国际饭店、大光明影院、沐恩堂、绿房子等。

绿房子（见图 1-6）是邬达克为上海颜料大王吴同文设计的私人住宅，被称作“远东最大最豪华的住宅之一”。住宅立面材料采用绿色釉面瓷砖，因为吴同文做军绿色颜料发家，所以绿色是吴同文的幸运色。吴同文的太太是苏州巨贾颜料大王贝润生的女儿，这块地就是他太太的嫁妆。贝润生也是著名建筑师贝聿铭的叔祖。吴同文非常喜欢这个地方，因为这里当时毗邻的两条马路，一条叫哈同路，一条叫爱文义路，刚好暗藏了他的名字。他请来当时上海最负盛名的建筑师邬达克进行设计。设计采用了当时最流行的圆弧形造型。邬达克设计了很多宽敞的露台，每一层都有。二层的露台通过一段曲线的台阶通向一楼的草坪，非常适合举行聚会，能满足吴同文社交的需要。

图 1-6　绿房子

邬达克最著名的作品应该是位于人民广场的国际饭店（见图 1-7）。国际饭店于 1934 年建成，高 83 米，是当时“远东第一高楼”。国际饭店的投资方是四行储蓄会，由金城、盐业、大陆和中南四家银行联合组成。由于四行储蓄会推出的储蓄分红的策略很成功，迅速积累了大量的资金。而当时上海的房地产业欣欣向荣，于是他们决定修建国际饭店。邬达克能在设计竞赛中脱颖而出，一个原因是他刚刚到美国游览了芝加哥和纽约，学习了很多先进的理念，包括最新潮的装饰艺术风格。还有个原因是，邬达克解

图 1-7　国际饭店

决了一个技术难题。上海属于冲积平原，土质松软，用传统方法无法盖高楼。而邬达克的国际饭店采用了 400 根 33 米长的木桩和钢筋混凝土筏式基础，所以很稳固。

国际饭店是典型的装饰艺术风格，特征是用一系列简洁而富有装饰性的几何元素进行设计，在顶部通常会进行退台的处理，每层往里面退进一点，显得整座塔楼很高耸，比例非常和谐。

国际饭店的顶楼有一根旗杆，它是上海的坐标原点。在一楼大堂有一个原点的投影副点可以参观。

国际饭店的修建是上海的大新闻，每天都有很多人围观，还诞生了“仰观落帽”的说法。贝聿铭是著名的华人建筑大师，当时正在上海圣约翰大学读书，他坦言，因为看到国际饭店而产生了当一名建筑师的想法。

二战爆发后，邬达克离开了上海，先去瑞士暂住了一段时间，最后去了美国，在旧金山的加州大学伯克利分校担任老师并在那里定居，他去世后，遗体运回了老家匈牙利。

外滩建筑

外滩有 23 栋建筑，其中有 9 栋都是由同一家公司设计的，这家公司就是公和洋行。公和洋行最早在香港成立，1912 年派了一名年轻的设计师乔治·威尔逊到上海来开拓市场。第一个项目是外滩 3 号联保大厦，采用了当时最先进的钢框骨架。大厦建成后很受欢迎，规划了燕京大学的设计师墨菲把他的事务所设在了顶楼。自此，公和洋行一举成名，业务源源不断，逐渐成为上海最大的事务所之一。公和洋行后来又在外滩设计了几栋标志性建筑，如外滩 12 号的汇丰银行和外滩 13 号的海关大楼。一横一竖的两座建筑，相映成趣，都出自威尔逊的手笔。他的作品还包括外滩最引人注目的和平饭店，它是外滩最高的建筑，它的投资人维克多·沙逊也是上海最有权势的人之一。

犹太人维克多·沙逊来自号称“东方的罗斯柴尔德”的沙逊家族。沙逊家族起源于中东的巴格达，因为当地政府反犹而逃亡

图 1-8　汇丰银行（左）与海关大楼（右）

到英国管辖下的印度孟买，开始在当地做贸易，包括向中国出口鸦片。

修建和平饭店的是维克多·沙逊，他已经是沙逊家族的第五代了，在上海拥有众多产业，煊赫一时。和平饭店采用装饰艺术风格设计，绿色的金字塔形铜质屋顶尤为醒目。建筑里有九个国家不同风格的客房，包括英国、德国、日本等，沙逊本人的豪宅位于这栋大楼的顶部。

旁边的中国银行原本计划修到 34 层，预计高度比和平饭店高出很多。沙逊非常不满，通过各方施压，把中国银行高度砍掉一半，变成 17 层。屋顶也变得很小，比例很不协调。竣工后，中国银行比和平饭店正好矮了一尺。

图 1-9 和平饭店（左）与中国银行（右）

公和洋行在 20 世纪二三十年代的上海做了很多设计，二战爆发后就离开了上海，回到香港继续做设计，一直到 20 世纪 90 年代才回来，不过公和洋行将名字改成了创始人的名字——巴马丹拿，此后做了很多知名的项目，包括位于新天地的著名豪宅翠湖天地。

办公类建筑

说到上海的建筑，很多人第一反应就是陆家嘴的摩天大楼。那么最高的几栋楼是谁设计的呢？

1999 年建成的金茂大厦（见图 1-10）高 420.5 米，形似中国传统宝塔，由美国著名建筑设计公司 SOM 设计。SOM 是非常老牌的设计公司，于 1936 年成立，设计了位于纽约曼哈顿的世界上第一座玻璃幕墙建筑。经过数十年的发展，SOM 的作品遍布全世界，包括目前世界最高的迪拜哈利法塔、南京的紫峰大厦、2017 年建成的上海白玉兰广场等。金茂大厦下半部分主要用于办公，上半部分为君悦酒店，它有一个标志性的通高中庭（见图 1-11）。

图 1-10　金茂酒店

图 1-11　金茂大厦通高中庭

2008 年建成的上海环球金融中心（见图 1-12）高 492 米，因顶部有个方形开口，便有了“开瓶器”这一昵称。环球金融中心由美国设计公司 KPF 设计。KPF 成立于 1976 年，以擅长超高层建筑设计闻名，上海的静安嘉里中心和恒隆广场等地标也是由它设计的。

2016 年建成的上海中心大厦（见图 1-13）高 632 米，是我国目前最高的建筑，由美国设计公司晋思（Gensler）设计。上海中心大厦采用螺旋造型，可以减少 28% 的侧向风荷载，更小的风荷载意味着结构柱可以做得更小，从而节省巨额造价。

图 1-12　上海环球金融中心

图 1-13　上海中心大厦

商业类建筑

有 4 家设计公司在商业建筑设计领域表现最为突出。

第一家是英国的贝诺，设计的项目包括国金中心和环贸 iapm 商场等，整体设计高端精致、现代时尚。

第二家是美国的捷得，设计了位于陆家嘴的正大广场。捷得设计风格偏老派，注重空间感受和游览体验。其他作品还包括位于大阪的难波公园商场和位于南京的水游城。

剩下的两家也是美国公司，分别为凯里森和 RTKL。凯里森的代表作是位于徐家汇的上海港汇和位于南京东路的宏伊国际广场。RTKL 设计了大宁国际商业广场。这两家公司在 2015 年合并成了 CallisonRTKL。

酒店建筑

奢华型酒店主要包括万豪、希尔顿、凯悦、喜达屋等品牌，大多由一家叫 HBA 的美国公司设计，其在上海的作品包括华尔道夫、静安香格里拉等酒店。总体设计偏经典商务风格。还有一家叫 GA 的英国公司，其风格更加活泼年轻化，偏爱用一些鲜艳的颜色，设计了位于上海白玉兰广场的 W 酒店。

细数上海的建筑，愈加发现上海真是一座伟大的城市。海纳百川，有容乃大。各种类型各种风格的建筑在这里汇聚，有的争奇斗艳，有的沉默不言，而建筑背后精彩的故事永远讲不完，等待着我们去慢慢发现。

作者简介

荣昱

知乎建筑学话题优秀答主。毕业于美国圣路易斯华盛顿大学，曾在美国和澳大利亚工作，曾就职于 Gensler 等著名设计公司，参与项目包括四季酒店等。

千万客流的羊城地铁是如何安全运转的？

郑东升

运营结束后，地铁列车都去了哪里呢？原来它们都陆续回到车辆段，这就是地铁列车的“家”。结束了一天的“奔波”后，地铁列车回到“家”后的第一件事就是挨个洗澡，即洗车作业。洗完车后列车依次进入停车库，由专业检修人员利用凌晨的时间进行检修，准备迎接黎明的再次来临。

我们每天通过地铁在城市的地下空间穿梭，在城市轨道交通高速发展的今天，地铁作为超大运量的城市快速交通工具，给市民的出行带来了便捷。经常乘坐地铁的你是否也曾好奇过：这么庞大的地铁系统，到底是如何有序运转起来的呢？我们通过深入了解一套具有代表性的地铁系统，以点带面，一同去探索地铁运营的秘密吧。

走进羊城地下铁

在我国南方，有座城市的地铁作为第一人口大国客流密度最大的地铁系统，有着世界领先的运营安全表现，成绩得到了国际的认可，它就是我们要隆重介绍的主角：广州地铁。

拥有 2000 多年历史的文化名城——广州，常被称作羊城，而每天在羊城地下穿梭的广州地铁，也因为标志酷似山羊角，被很多本地的市民亲切地称作“羊角”（见图 1-14）。

图 1-14　广州地铁标志

根据国际地铁协会披露，在全球 38 家大型地铁中，广州地铁多项主要运营指标保持行业领先。其中，10 年平均伤亡率、连续 4 年车站犯罪事件发生率最低，运能利用度、运营服务可靠度、列车正点率保持行业领先。

从第一条地铁线路建设至今，广州地铁已经进入运营的第 24 个年头，截至 2020 年底，其负责运营的轨道交通总里程达到 676.5 千米，除了本地地铁线网 531.1 千米、有轨电车 22.1 千米外，还包括广清、广州东环城际铁路 60.8 千米，江西南昌地铁 3 号线 28.5 千米，海南三亚有轨电车 8.4 千米，以及巴基斯坦拉合尔橙线 25.6 千米。目前，羊城的地铁线网日均客运量已经超过 900 万人次，最高日客运量更是高达 1157 万人次，承担了广州市超过 50% 的公交客流运送任务。那么每天要运输如此巨大的客流，却能持续保持行业领先，羊城地铁是如何高效又安全地运转的呢？

地铁的 24 小时

地铁的运营系统十分庞大与复杂，要想讲清楚，我们先从时间维度了解一下羊城地铁的 24 小时。（不同地铁线路在实际运营中，时间点会略有不同。）

凌晨 4 时 30 分

我们没有见过凌晨 4 点半的洛杉矶，也应该没有见过凌晨 4 点半的地下铁。我们可以把这个时间点当作地铁 24 小时运转的起点，各项清洁、检修施工在此时结束，地铁司机开始为出车做准备，车站工作人员开始做运营前的检查工作，确认系统及设备正常。

5 时 30 分

地铁列车开始陆续从地铁车辆段出发，前往各条运营线路。

6 时

车站工作人员升起出口的卷闸门，迎着朝阳开始新一天的对外服务。

7 时 30 分 ~9 时 30 分

这是每个工作日地铁工作人员最为忙碌的时间段，近 30% 的客流在这两小时的上班高峰期内涌入车站。运营系统加开地铁列车，缩短行车间隔，分级客流管控，让大家能够安全有序地搭乘地铁。

10 时 ~16 时

这段时间是客流平峰期，工作人员在为乘客提供服务的同时，利用这段时间进行车站日常的巡视、检查及维修等工作。

17 时 ~19 时 30 分

下班高峰期，为了将上了一天班的市民安全送回家，地铁再次加足马力。好在晚高峰的客流强度整体要比早高峰弱，乘客被客流控制的次数与时间也相应地减少许多。

23 时

忙碌了一天的地铁列车相继返回车辆段，车站工作人员送走最后一批乘客后，降下出入口的卷闸门，结束一天的运营服务。

0 点

各项业务（车辆、通信、信号、机电、工建、接触网等）的工作人员，利用列车停泊隧道的空闲的宝贵时间，对列车、轨道、接触网、电梯等设备系统进行维护、检修，对车站和列车进行清洁。

凌晨 4 时 30 分

清洁、维护、检修、施工等各种作业都陆续在凌晨 4 时 30 分之前结束，准备迎接新的“地铁 24 小时”。

地铁运营的“最强大脑”

千万客流的地铁能够有序地运转，主要靠的就是科学、严谨的调度指挥，俗话说“龙无头而不行，鸟无翅而不飞”，地铁的运营控制中心就是地铁运营的龙头和鸟羽。地铁能有条不紊地运行，就是因为有控制中心这个强大的“大脑”在指挥，它行使着地铁行车、供电、环控以及维修的调度指挥权，同时也是地铁信息的收发中心，负责日常运营、应急抢险、施工组织、信息发布等工作。

地铁的控制中心（见图 1-15）是一个神秘而复杂的“地下组织”。毫不夸张地说，每一个第一次走进控制中心的人都会被壮观的工作场面和紧张严肃的工作氛围感染。进入控制中心，最先映入眼帘的是一个巨大的超窄比例的大 LED 屏。屏幕上分别显示着实时线路行车情况、全线路车站视频监控画面、电力供电情况和环控设备情况等。数名肩扛紫星肩章的调度员是控制中心里最为活跃的精灵，除了面对巨大的显示屏外，他们每个人面前还有四五台正在运行的电脑。

图 1-15　地铁控制中心

他们便是专业的调度指挥员：有控制中心调度指挥的总负责人值班主任；有负责行车指挥的行车调度员；有负责信息收集与发布工作的值班主任助理；有负责供电系统的管理和调度的电力调度；有负责环境控制系统管理和调度的环控调度，负责除车辆、机电、供电外的所有设备维修及施工组织的综合调度则是羊城地铁有别于其他地铁的“特色”调度员。就是靠他们在这里“挥斥方遒、指点江山”，才让地铁的“最强大脑”顺利运转。许多人总认为地铁的控制中心应该是个高度机密的部门，普通人不可能见到。其实不然，近年来羊城地铁一直致力于拉近市民与地铁之间的距离，多次通过面向市民招纳义务安全员、组织市民开放日、开展周边学校单位共建等活动，让市民和学生都有机会到调度控制中心、车辆段、车站控制室等一些地铁核心运作场所一睹真容。

地铁控制中心必须 24 小时不间断运转，它要为所有行车、机电设备调试，地铁检修、维修等全天服务。无论是在白天还是黑夜，它总是忙碌而有序，时而有条不紊、波澜不惊，时而又“硝烟四起、战火纷飞”，它承载着数百万广州市民平安高效出行的神圣使命，它凝聚了众多广州地铁人无数个日日夜夜的辛勤工作。

这就是地铁的“最强大脑”——控制中心，看上去神秘且充满魅力，忙碌却又处变不惊，它甚至平常得就像一个普通的车次，从车辆段到正线，载着乘客，到站、开门、上车、关门、发车……

拥挤的羊城地下铁

关于羊城的地下铁，我们经常能听到各个方面的褒奖，比如它安全准点、干净整洁、人性化的便民措施、本土文化的传承，还有那亲切的三语报站广播，等等，但关于它的吐槽往往都指向一点：那就是——挤！

虽然 2019 年曾经稳坐客流强度第一宝座，但 2020 年广州地铁被深圳地铁与西安地铁超越，位居全国（不含港澳台地区）第三。要知道客流强度是由日平均客流除以总里程数，正是由于广州地铁线网的扩张及远郊线路的开通，一定程度上降低了全线网的平均客流强度，但贯穿市区的几条核心线路（如 3 号线、5 号线、1 号线）的客流强度仍居全国前列，其中以 3 号线最为“声名显赫”。

让人“既爱又恨”的 3 号线

广州本地的市民对于 3 号线（见图 1-16）可谓“既爱又恨”。3 号线南至番禺，北达花都，是贯穿五区、通达南北的核心地铁线路，线路全长 64.41 千米，共设置 30 座车站，全部为地下车站，

图 1-16　广州地铁 3 号线

其中有 12 座是换乘站，途经机场、火车站、中央商务区、地标景点、娱乐商圈及各大高校等，是广州市民上下班通勤及娱乐出行的重要线路。但同时 3 号线也是羊城地铁最拥挤的线路之一，日均客流已经超 200 万人次，是全国日均客流最大的地铁线路，要知道全国地铁日均客流超 200 万的城市只有 9 个。

除了日均客流量全国第一之外，广州地铁 3 号线还贡献了一个“全国之最”，那就是全国最繁忙的地铁站：体育西路站。所以 3 号线和体育西路站被幽默的市民起了许多外号，比如“魔鬼 3 号线”“死亡 3 号线”“地狱西路”，网上也流传着许多调侃它的段子。

传说中的羊城地铁 3 号线是这样的：

番禺广场（可以坐）—市桥（抢着坐）—汉溪长隆（随便站）—大石（可以站）—厦滘（随便挤）—沥滘（可以凑合挤）—大塘（可以挤）—客村（可以塞）—珠江新城（壮士专用）—体育西路（烈士专用）—石牌桥（恩怨解决）—华师、五山（恩怨化解）。

而 3 号线的北延段（部分），有人说它就像人生：

永泰（起步时总有很多关卡）—同和（开始感受人生百味）—京溪南方医院（不努力挤是上不来的）—梅花园（越近市区越艰难）—燕塘（到了一定程度，上不去下不来）—广州东站（最艰难时挺一挺就过去了）—林和西（留下来的精英总是少数的）—体育西路（向左走还是向右走）。

大家甚至说，没坐过 3 号线就等于没坐过广州地铁。这条线路为什么会这么挤呢？它除了贯穿南北，背后还有些历史原因，比如3号线南端番禺因为撤市设区，形成闻名全国的“千亩大盘”“华南板块”高密度住宅区，居住人口众多。再者也有规划设计前瞻性不足的原因，客流预测的失误导致了3号线在车站规划上、列车车型选择上都无法满足后来日益增长的客流。在“小编组高密度”思想盛行的年代规划设计的3号线，最终采用的是“六节B型车编组”，运能仅为1、2号线选用的“六节A型车编组”的七成左右。在各种错综复杂的原因作用下，3号线终于变成了全国最挤的地铁线（见图1-17）。

图1-17　地铁站内人潮汹涌

先天不足就要靠后天努力来弥补，为了在保证安全的前提下缓解客流拥挤，提升乘客体验，广州地铁在运营上使出了浑身解数。

为了缓解客流拥挤，地铁公司都做了哪些努力？

解决车站拥挤最好的方法肯定是造更大的车站、用更宽敞的车、开行最短的行车间隔，但这些方法往往只能适用于未来建设的线路。对于既有的线路，无论是规划建设还是设备使用，总有一些因素木已成舟，无法改变，设备的能力也总有极限。但即使困难重重，地铁公司也绝不会坐以待毙。

解决地铁拥挤最好的办法就是提高运能，而想提高运能只有两种方式：一种是增加列车运能利用率，二是压缩行车间隔。

增加列车运能利用率，既有科学的办法也有土办法。一方面通过大客流站点投入空车，或者加开短线车、长短交路并行的方式，实现高峰期不均衡运输，即利用线路中间具备折返能力的站点，将运能向密度大的区段调整。另一方面，羊城地铁还通过拆除行李架及车厢座椅的方式来提高列车载客量。3 号线拆除行李架及短座椅后，每列车可以多载客 70 多人，而 6 号线的列车，早在开通前就未雨绸缪，拆了一半座椅，这样地铁列车就更能“装”了。

压缩行车间隔不是单纯地加开列车就可以实现，也要考虑整个信号系统及线路设备的折返能力。羊城地铁的早晚高峰经过不断的挖潜增效，尽一切可能降低行车间隔，提高运能，三号线更是将地铁行车间隔缩短到了 1 分 58 秒。

当列车运能、信号设备已经达到使用极限时，既能保证乘客安全又能缓解客流拥挤的方法就是采取限流措施。

地铁高峰期的客运组织，必然离不开“客流控制”（也叫客流管控、限流）。在地铁公司内部，有十分成熟的客控分级机制和客运组织原则。在机制上，从站点到线路再到全线网都有成熟科学的客流预案，有从站外到站内的三级站点控制分级，以及从站控、线控到网控的三级范围控制分级。但被限流总是让人不愉快的，所以羊城地铁还通过发布客流预警信息、加装制冷设备、开设特殊人士绿色通道等方式来尽可能改善高峰期的乘客体验。

关于地铁列车的奥秘

一个地铁司机朋友曾告诉我：“驾驶着百米长的地下长龙在隧道里穿梭时，会想象自己正乘坐一架时光机，如果速度够快的话，就能带着一整车的人穿越到另外一个平行时空。”

是的，崭新又颇具现代感的地铁列车，总能给我们带来无限的遐想空间。关于地铁列车的疑问总是最多的：地铁列车是如何保证在隧道里快速而又安全地行驶的？地铁列车是如何掉头的？运营结束后地铁列车都去哪里了呢？

地铁列车如何既快速运行又保证安全？

目前羊城的地铁最高时速已经达到了 120 千米，未来更将达到 160 千米，许多人一直有个疑问百思不得其解：“这么多列车在隧道的同一个方向同一个轨道上快速奔驰，难道就不怕撞上吗？”

答案是：当然不会。地铁拥有先进的信号系统，可以提供安全保障。作为地铁里的“隐形司机”，地铁信号系统中的列车自动控制系统时刻监测地铁列车的运行状态和位置，自动控制列车速度，并保证同向地铁列车之间的安全距离。

简单来说，通过信号传输，地铁列车随时向列车自动控制系统报告自己的位置与速度，而列车自动控制系统则实时反馈列车的授权可移动距离。当地铁列车在行驶中检测到前方列车时，将会自动开始减速制动，并将在安全距离前停车，这也是我们在高峰期乘坐地铁过程中经常遇到“临时停车”的缘由。

地铁列车如何“掉头”？

我们经常收到这样的提问：“地铁列车到达终点站后是如何在狭小的地下空间里快速完成‘掉头’的呢？”

严格来说，地铁列车不需要掉头。地铁列车到达终点站之后进行换向被称作折返。所谓的折返就是指列车从原来的方向换到另外一个方向。而这种折返与我们经常看到的汽车的 180 度掉头是不一样的。不知道大家是否还记得小学课本里“中国铁路之父”詹天佑设计的“人字形铁路”，采用的就是双火车头完成了一次爬坡，其实也就等同于完成了一次换向折返。

现代列车无论是地铁或是高铁、火车，折返大多是采用双火车头轮流牵引换向的方式，即列车本身就具有双向行驶的能力，列车到达终点站后通过更换驾驶端的方式就能完成换向行驶。

地铁列车的折返根据列车折返过程在进站前完成或进站后完成，又分为“站前折返”与“站后折返”，目前羊城地铁的列车多采用的是更为安全高效的“站后折返”。

运营结束后地铁列车都去了哪儿？

在“地铁的 24 小时”一节里，我们提到过运营结束后地铁列车都陆续回到车辆段（见图 1-18）。车辆段究竟是怎样的一个存在呢？

地铁车辆段是地铁列车停放、清洁、检查、整备、运用和修理的管理中心所在地，也就是地铁列车的“家”。

结束了一天的“奔波”后，地铁列车回到车辆段的第一件事一般都是挨个洗澡，即洗车作业。即使地铁每天大多数时间都是在地下穿梭，也要时刻保持列车的干净整洁。洗完车后列车依次进入停车库，在停车库我们会看到一排排列车整齐划一地停放着，车辆专业的检修人员则要利用凌晨的时间细致地开展车辆检修作业。地铁列车每天都有几十项的检查和维护，有故障的车辆还需要进行专门的维修，确保“健康上线”。

图 1-18　地铁车辆段

黎明即将再次来临，这座古老的城市和热爱这片土地的人们也渐渐苏醒，新的一天也将拉开帷幕，经过短暂的休整，羊城的地下铁又要出发了（见图 1-19）。

图 1-19　等待出发的地下铁

作者简介

郑东升

2010 年毕业于中南大学，城市轨道交通行业从业 10 年。现为城市轨道交通工程师，知乎快闪课堂讲师，知乎城市轨道交通及地铁话题优秀答主。开设“地下铁”专栏，致力于传播有趣而又专业的地铁知识，拉近城轨行业与网友们的距离。

文化

如何看懂一幅中国画？

温翔然

学习艺术最重要的作用是培养我们对世界的感受力，让我们生长出更多感受“美”的触角。

当你站在博物馆的一幅中国古代绘画作品前，除了泛黄的纸绢能让你感受到历史的沉淀之外，你还有想深入了解它的冲动吗？

若你想深入了解著名的青绿山水作品《千里江山图》，你可能需要了解一下宋代的建筑；若你想细品著名的风俗画《清明上河图》，你可能需要了解一下宋代的社会风情；若你想看懂八大山人的作品，你可能还需要了解一下禅宗的智慧，而不是仅仅靠他画的“翻白眼”的鱼来激发自己的兴趣。

若你想读懂一幅画背后的画家，就需要进入他的思想世界，耐心地了解他的背景，深入分析作品背后的原因。艺术作品其实是世间万物的描绘和表征，从这个角度看，整个绘画史的图像也就组成了一本大人文百科全书，总有学不完的知识，说不完的话题。

我们从两个维度简单地讨论一下如何看懂中国古代绘画作品这个问题：第一是如何看画，第二是如何看中国画。

如何看画？

先讲一下我的个人经历。十多年前，故宫举办了一场古代绘画展览，我约了一位中文很不错的外国朋友一起去故宫看展。进入展馆之后，我们看到了一幅赵孟頫的水墨竹石作品（见图 2-1）。当时我觉得这幅作品画得太美了，不禁感叹出声。而我的这位外国朋友一脸困惑："这幅画有什么好看的？"

图 2-1 （元）赵孟頫 《秀石疏林图》 故宫博物院藏

对于他的反应，我更是困惑。可能有人会说，这是因为他是外国人，但其实大部分的现代中国人会和这位外国朋友反应一样，对古代书画作品难以产生共鸣。

多年后，我回想起这件事才意识到，我当时犯了一个错误，就是我认为这幅画的“好看”，是一个任何人都能观察到的“事实”。

当时我还没有意识到，这可能跟我接受过的教育有关。因为我们从小接受的思维训练反复告诉我们：“物质是客观的，客观是统一的。”绘画作品也需要物质作为载体，所以我们会习惯性地认为附着于作品上的美也是客观的。但是，达到“美”这么精微细腻的层面，每个人的感觉是千差万别的，很难达到统一。

当你看到一幅作品的时候，你觉得知识更重要，还是直觉更重要？艺术作品是文化长河里的作品，要理解一幅作品，需要先了解文化背景，这主要来源于知识的积累，否则就如同“盲人摸象”，终究摸不到门道。但一幅画不是只有组成它的文化背景，更包含了我们人类能体会到的直观美感，这也是绘画区别于文字作品的主要特征。这种美感主要来源于体验，它很难通过逻辑去认识，它不属于知识的范畴。

通常一些美学家会认为，在审美活动中，当下一刻的直接体验更为重要，因为它没有掺杂思考、比较、计算，那一瞬间的直觉才更加贴近真实。

禅宗有一句话：“触目会道。”意思是眼睛触到外界的那一瞬间才是最真实的，可一旦掺杂逻辑，掺杂一些偏见，掺杂“这个作品值不值钱，这个画家出不出名”的想法，就离真正的“道”越来越远了。

若是如此，每个人的体验差异是很大的；如果没有标准或者方向，让摸不清门道的人去把握，就会变成一个棘手的问题。这条道路是个人的真实无限接近真正的真实——“道”——的一个过程，这个过程是有难度的，需要付出努力和诚心。如果没有难度，就是从一开始在你心中就否定了这种高低境界的存在，提升的前提也不存在，就算做了也难以构建起意义。

从这一点上，我们也可以窥探出学习艺术的意义和目的。我认为学习艺术最重要的作用不是让你有在别人面前炫耀的资本，而是培养我们对世界的感受力，让你能够生长出感受更多“美”的触角。

如何看中国画？

当你进入博物馆，站到一幅作品面前，你可能会问：“这是什么画？”我们可以从最基础的题材、创作群体、色彩、风格四个方面回答这个问题。

题材

如果按题材分类，这个问题还可以这么问：“这画的是什么？”

答案大致可分为三类：人物、山水和花鸟。这种分类虽然简单，但也很笼统，比如唐代较为流行的鞍马画（见图 2-2），就很难归入任何一类。马在古代是交通工具，相当于现在的汽车，严格意义上讲，也不能属于花鸟画。又比如齐白石特别喜欢画的蔬果，严格来讲也不属于花鸟画。

我们不妨把问题简单化，把所有题材归为两大类，一类就是

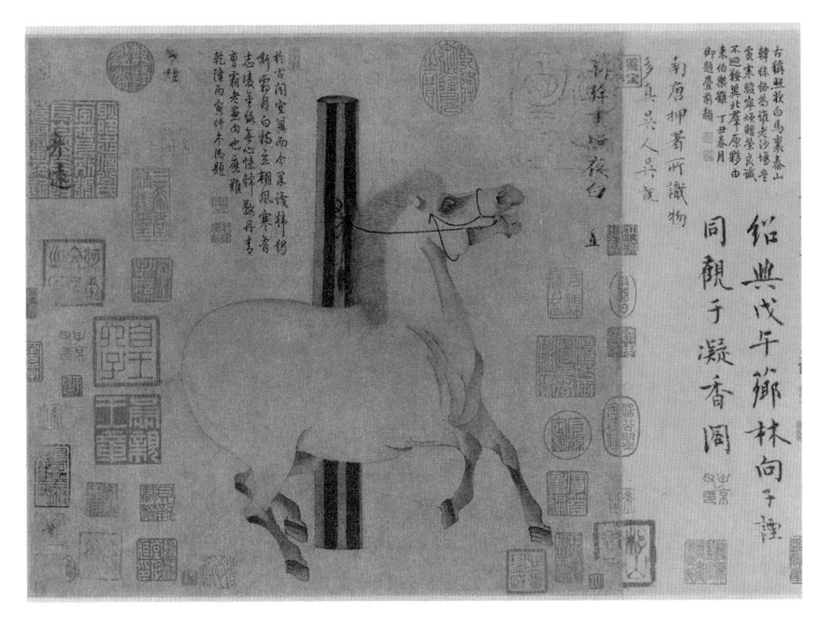

图 2-2 （唐）韩幹 《照夜白图》 美国大都会博物馆藏

以描绘人为主，另一类以描绘物为主，这样人物画可归为前一类，山水和花鸟，包括鞍马画和齐白石画的蔬果都可归为后一类。

如果把画家的眼睛想象成一个摄影镜头，我们可以把镜头拉远，让壮阔的高山大川、自然景观尽收眼底，镜头里的作品不就是山水画吗？（见图 2-3）如果把镜头拉近一些，可以观察到山水里的花鸟鱼虫这些局部，镜头里的不就是花鸟画吗？（见图 2-4）

无论远景还是近景，无论宏观还是微观，本质上都是对“物”的描绘，只是这个“物”不是一个科学的研究对象，而是透过人观照出的一个涵道、涵情的审美对象，达到一种景中有情、情中有景、情景交融的诗意境界。

图 2-3 （北宋）范宽
《溪山行旅图》
台北故宫博物院藏

图 2-4 （南宋）佚名 《出水芙蓉图》 故宫博物院藏

创作群体

如果按创作主体去分类，你可能会问："这幅作品是谁画的？"

根据画家不同的群体，我们可将其分为三类：宫廷画家、民间画工和文人画家。其实总体上又可归为两大类，前两个群体可称为专业画家，文人画家也可以称为非专业画家。

西方有不少美术史家在翻译时会更直接，称中国的文人画家为"业余画家"。也许有不少人会觉得"业余画家"这个称呼有点怪，然而这个矛盾的名字正是这个群体矛盾的一生的隐喻和象征。

“业”的含义在每个群体里也是不一样的，文人一生的“正业”早已被儒家规定好了——“修身、齐家、治国、平天下”，几千年来十分稳定，绘画和“正业”相比被认为是“小道”。文人普遍是抱着“游于艺”的心态去从事艺术创作的，因为会担心“致远恐泥”。

所以，一个文人若是选择以绘画为“业”，内心总是充满矛盾和些许对命运的无奈。从这个角度来讲，文人若是专事于绘画，的确显得有点“不务正业”。

图2-5（明）孙艾《木棉图》故宫博物院藏

那这种“非专业”绘画到底有价值吗？我们拿明代画家孙艾的《木棉图》（见图2-5）来说明一下这个问题。

孙艾的画作留下来的并不多，他的老师沈周是“明四家”之一。如果你在博物馆里看到这幅画，会在它面前驻足多久？我觉得大部分人可能看一眼就走了。这种灰灰的颜色甚至让你提不起兴趣，但这幅不起眼的作品已经足够诠释中国文人画的基本精神了。

除了画作主体之外，这幅画下方有两段题跋，最右的隶书是孙艾的朋友钱仁夫的题跋。我们从最后一个“和”字可以看出，这是同左边这位题跋者唱和的诗作。后来的学者也是以钱仁夫题跋上的“木棉”为准，为此画定名。其实这幅作品画的是棉花，并非现代的木棉花，从中我们也可知道明代江南地区对棉花的称谓与现在有所不同。

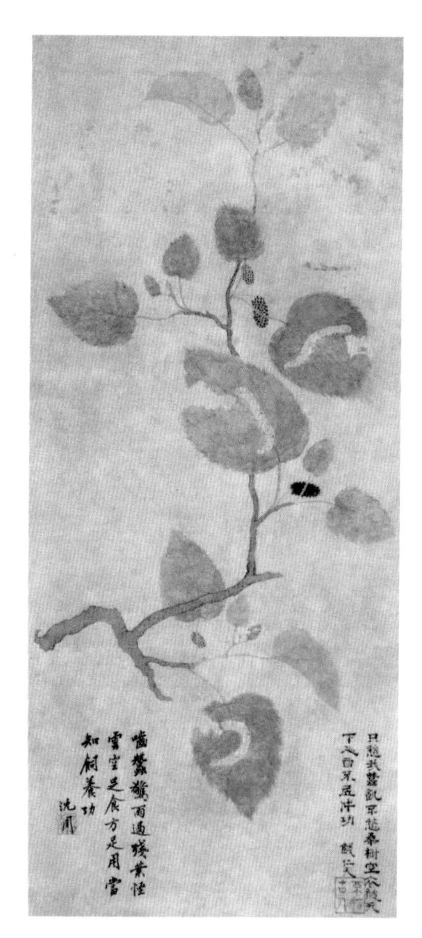
图2-6 （明）孙艾《蚕桑图》 故宫博物院藏

钱仁夫的唱和者正是孙艾的老师沈周，在画的左边，沈周先是题了一首诗，字迹略大一些，然后另起一列，后面又写了一段自己的感叹。从言语之中我们不难感受到他的溢美之词，先是把自己这位爱徒与元代的大画家钱选相比较来称赞孙艾，然后又惊叹道：“观其蚕桑、木棉二纸，尤可骇瞩，且非泛泛草木所比。”

原来孙艾画了两幅作品，除了《木棉图》之外，还有一幅《蚕桑图》（见图2-6），两幅并列。蚕桑、棉花这个题材非常普通，色彩不浓艳，题材也不富贵。那何以让沈周发出“骇瞩”的感叹，并且认为这幅作品能让前代的花鸟画都黯然失色呢？

沈周道出了答案：“盖寓意用世。”

何为“用世”？讲的就是儒家的“修、齐、治、平”。文人在古代是精英的代名词，除了要“学而优则仕”之外，还要帮助那些天赋不如自己的人，这也是君子追求的“道”——至善的境界，也是悲悯的精神。

作为现代人，我们大部分人对于蚕桑和棉花这两样植物已经没有如孙艾一般的情感了，因为我们鼠标一点击就可以网购保暖衣物。但在男耕女织的传统社会，蚕桑和棉花是社会生活极为重要的内容，关系着每个人的基本温饱。

孙艾也不是像西方静物画一样，只是为了描绘蚕桑和棉花本身，或者是赋予这种植物以宗教符号的意义，而是想到了蚕桑和棉花背后的每一位辛勤劳动的农民，冬天里是否能够用其御寒的穷苦人。他透过物象表达了对劳动者的悲悯和同情，这才是孙艾画此幅作品的真正目的。

沈周甚至道出了孙艾和一般的工匠画家的区别以及原因：“世节读书负用，于是乎可见矣。”这便是孙艾作为文人画家和工匠画家的根本区别——工匠画家表现美的物象，而文人画家不仅表现了物象美，更表现了道德美，大大拓宽了美的边界，绘画也和君子读的“五经”一样具有道德价值，这幅作品也是孙艾读书求道的一种自然显现。

色彩

如果按色彩去分类，你可能会问："这幅作品是用什么颜色画的？"

按颜色去分类国画之前，我们先了解一下国画颜料。中国画的颜料有很多种，对于刚接触的人来说，记名称是个令人头大的问题，但你可以把国画颜料初步分为两大类：石色和水色。

石色可理解为从石质矿物里提炼出来的颜色，水色可以理解为多是从植物中萃取的。这两者都有一个共同特点，就是都从自然中来，并不是西方油画水彩那种"科学标准色"。不像油画颜料一样需要科学调配，国画颜料拥有天然的色泽，所以就算是用单色，依然看起来自然和谐。

现在我们看到的一些宋代绘画作品距今已八九百年，颜色依然鲜艳，就是因为颜料来源于无机矿物，很稳定自然，可千年不变色。

石色跟水色不仅是两种性质不同的颜色，画家在运用的时候，更多是在表达自己两种不同性质的感受。石色予人以浓艳之感，水色给人以温润之觉，所以，不同的色彩，也会引起观者不同的情感。

如果按色彩分类，通常情况分为青绿、浅绛和水墨三类。著名的《千里江山图》（见图 2-7）就是青绿重彩的代表作品。"青绿"指的主要是两种石色颜料——石青和石绿。《千里江山图》里的山峰颜色，偏蓝的就是石青，偏绿的则是石绿（见图 2-8），这幅作品已经存世八九百年，却依然鲜艳如新。我们也会发现这种颜料很浓厚，除了浓艳之外，它还有一定的覆盖性。

《千里江山图》的作者王希孟是宋徽宗亲自指导过的宫廷画家，这幅画颜色浓重，雍容华贵，也是宫廷所欣赏的风格。后来，文人会以水墨为“雅”，以浓色为“俗”，以示雅俗的区别，这种区分其实也只是表面的。

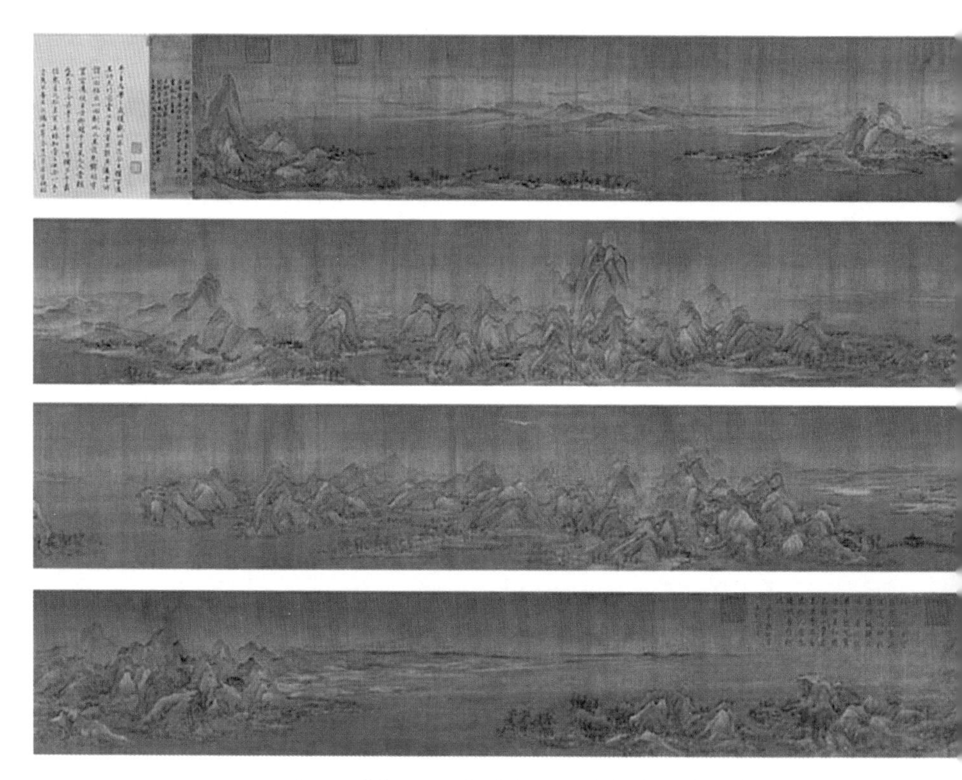

图 2-7 （北宋）王希孟 《千里江山图》 故宫博物院藏

图 2-8 （北宋）王希孟 《千里江山图》（局部）

青绿山水画虽然浓艳，同时也被赋予了时间上“古”的一个象征，因为早期的山水画有不少用的是青绿画法。古和今相比，就更具有“雅”的可能性，因此我们经常用“古雅”一词去评价一幅好画。

例如现存最早的一幅山水卷轴画《游春图》（见图 2-9）就是一幅青绿山水作品，作为早期山水画的一个符号，文人在使用青绿色的时候，就不仅是使用一种漂亮的颜色，而是表达自己对“古雅之风”的追求。

图 2-9 （隋）展子虔 《游春图》 故宫博物院藏

明代有不少文人已经意识到这种复古的重要性，喜欢画青绿山水，但是另一方面，又要和后来宫廷画的青绿山水有所区别。例如，文徵明把这幅《雨余春树图》（见图 2-10）的青绿色调得很淡，这种形式也可称为小青绿，其实是文人对青绿山水的一种审美调和的产物。

水墨虽然淡雅，想必文人也会觉得单调，想用一点颜色又担心过于浓艳，于是找了个折中方法，用淡雅的水色敷上一层，这种方法被称为“浅绛”。唐寅的《秋山》（见图 2-11）就是很典型的浅绛设色，这种感觉很像西方水彩画的设色。

浅绛色比较常用的有两种，偏红的叫赭石，偏蓝的叫花青，或者用藤黄混合花青调出草绿色代替。花青和赭石这两种颜色使用起来也极为讲究。一般画面上描绘石头的部分，有阳光照射的地方称为“阳”面，石下生出苔草的一面称为“阴”面。花青色多上色在苔草的部分，赭石多上色在裸露的石质和树干的部位。

图 2-10 （明）文徵明
《雨余春树图》
台北故宫博物院藏

图 2-11 （明）唐寅 《秋山》 台北故宫博物院藏

赭石为暖色，花青为冷色，坚硬阳刚的石头和柔软阴凉的苔草又形成了一种对比，这种对比源于画家对自然的取法观照，里面包含古人阴阳的传统哲学观念。

下面再谈一谈最具中国特色的一类绘画——水墨画。现代社会也有人不太喜欢单色的水墨画，更喜欢色彩绚烂的印象派油画，我还是借助一幅古画来说明一下这个问题。

元代画家王渊的这幅《桃竹锦鸡图》（见图 2-12）只用一种

单色来画锦鸡，稍微有点常识便知，锦鸡的颜色可谓是五彩斑斓，王渊只用了一种墨色就能把这种层次丰富的感觉画得很鲜活，古人称这种方法为“墨分五色”。

图 2-12 （元）王渊 《桃竹锦鸡图》
故宫博物院藏

古人用墨技艺很高超，他们的感受也非常地细腻精微。当然这也和国画实用的物质材料有很大关系，中国的宣纸和毛笔也更适合创造这种墨色的细腻感。在这种精微的刻画下，中国画家还能顾及描绘对象的“神”，这就是古人说的“形神兼备”。

养过鸟的人都略微了解，鸟类在梳理自己羽毛的时候，眼睛有时候是微闭的。我们来看《桃竹锦鸡图》的局部（见图 2-13），王渊正是描绘了锦鸡梳羽的那一刻，他把锦鸡的神态画得极为传神，这一定是经常观察生活的直接体会。

图 2-13 （元）王渊 《桃竹锦鸡图》（局部）

王渊是元代人，大约活动于 13 世纪末 14 世纪初，当时欧洲的文艺复兴才刚刚萌芽，中国的画家已经走过了写实巅峰的宋代，迈入文人画顶峰的元代。元代的文人画家善用墨色，那为什么不用多种颜色？这里有很多审美、哲学的原因，但有一点可以确信：如果用一种颜色完全可以表达出来想要的层次感和丰富度，那么的确没有必要再去上色了。

风格

如果按风格分类，你可能会问："这幅作品是哪种风格？"

我们大致可将其分为线描、工笔、写意、兼工带写、没骨等等，这些不同风格在名称和外貌上的差别，也可以看作每位画家不同性情的真实流露。

线描画很具有中国特色。书法是线条的艺术，国画同样也讲究线条，甚至很多人都认为，传统国画与油画最大的区别可能就是线条。目前出土的最早的战国时期的帛画也是线描画，这时的白描还很朴素，但经历了唐宋时期，线描已经进入了极为成熟的阶段，诞生了很多善于线描的大师和优秀的作品，例如宋代李公麟的《维摩居士像》（见图 2-14），每一个细节纤毫毕现，人物刻画生动传神，没用颜色，却仍像一幅独立完整的作品。

图 2-14 （宋）李公麟 《维摩居士像》
日本京都国立博物馆藏

白描最早用于宗教大型壁画的草稿，这点和西方的素描很像，但中国的素描——白描——可以成为独立的艺术作品，就是因为书画作品里的线条已经足以作为独立的欣赏对象。

工笔的“工”是工细严谨的意思，线描也可以画出工笔的风格，只是工笔画还要加上一个步骤——填色。我们用一幅著名的宋画说明一下，《海棠蛱蝶图》（见图 2-15）的作者是南宋佚名的宫廷画家，虽然不知作者是谁，但是这幅作品已代表当时工笔画的高超水准。这幅画里海棠翩翩飘动，我们不难感受到画面里一阵春风吹拂而过。

图 2-15 （南宋）佚名 《海棠蛱蝶图》 故宫博物院藏

你很难想象一位 12 世纪的中国画家在没有照相机的时代，能够捕捉到这样的一瞬间，它甚至比照片还要真实。画家靠的当然不是相机，而是自己的想象力，以及对物象质感的熟稔，想象出了风吹过海棠的风姿。宋代宫廷画家的待遇都很好，只要你有天分，宫廷的画院可以供养你发挥自己的天赋，这样你就可以专注于绘画，这种专注力是我们现代社会成员十分缺乏的。

和工笔风格差异很大的写意画没有勾线、填色两个步骤，而是直接书写出来，这种果敢潇洒和书法的气质很像，所以，写意要更加潇洒自由一些。

还有一种“兼工带写”的风格，它称为小写意。工笔细谨，难以生动；写意传神，难以形全。小写意可兼备两者的优点，至于偏向于哪一方，还是由画家的自然性情而定。

我们可以看一下清代画家恽寿平的作品（见图 2-16），他画的荷叶的边缘基本没有线，是直接用颜色滋出来的，这就是“没骨”的画法。这种风格有些类似于“不勾线的工笔画”，偏于工谨，符合宫廷审美，所以清代的宫廷花鸟画基本都是学恽寿平没骨的风格。

图 2-16 （清）恽寿平 《山水花鸟图》（之一） 故宫博物院藏

一位优秀的画家在学画之初，应当是各种风格都能驾驭的，最起码也要都尝试一下，最后自然而然地选择一种最接近自己艺术理想的风格，或者是最能表现出自我的风格。这些是根据每人的性情而定，本质上是一个不断发现自我、肯定自我、展示自我的过程。

风格与风格之间并没有高低之分，例如写意并不比工笔高级，只要是真的性情流露，就是好的。但每种风格内部，画家的功力却有深浅之别。

虽然说了很多概念，但是丰富的艺术和艺术表现出的现象是无法用概念描述完的。这几种风格，相互之间并没有那么明显的界限，所以也不必生搬硬套。

有很多人刚开始看国画就着急地问怎么才能看懂，其实我想说，欣赏不是“十天速成班”，更像是一位信徒把博物馆当作教堂一样去虔诚地礼拜，若是如此，必然能求得真经。

作者简介

温翔然

毕业于中国人民大学艺术史论系，曾任教于爱尔兰都柏林大学（UCD），多次参与对外交流项目。2016 年以来在网络上做过多次艺术欣赏课程，收获了广泛好评。

李清照是如何孤军奋斗与男权对抗的？

夏宇阳

文学是李清照的战场；词，就是她的利剑。

在我国古代森严的男权社会里，女性也许不无机会获得良好的教育。但这往往是为了更好地相夫教子，而不是调遣情思、动笔写作——即使写作，也最好不发表。在去世前焚化自己的文稿，远非黛玉的专利，而是历代才女的共同命运。

文学史上不乏女性的声音，但通常是由男性作者代为发出：

闺中少妇不知愁，春日凝妆上翠楼。

忽见陌头杨柳色，悔教夫婿觅封侯。

王昌龄作为男性，写起从闲望春色到思念夫婿的《闺怨》，倒也婉转动人。这类“男子作闺音”的情形从《楚辞》以来已十分常见，女性的声音看起来已得到充分表达，似乎本无必要让“她”们亲自上阵写作。但不难想象，男性所“代言”的女性形象只单一地迎合男性的心理需求，而女性真实的精神世界、生命体验则远比这些“闺音”丰富多元，这些则只能由女性作者亲口歌唱。

不过，文学传统惯性巨大，修辞、用典、取材、构思，男权的构建无处不在。如果女作者才微力薄，就会像划船逃不出漩涡，仍旧被老旧的语汇和抒情模式吞没。只有为数不多的佼佼者能不懈地与之“争渡”，摆脱传统的深渊，真正写出女性自己的文学。

李清照（1084—约1151），就是这样一位杰出的女作者。

正史对她只有一句记载，附在其父李格非的传末：“女清照，诗、文尤有称于时，嫁赵挺之之子明诚，自号易安居士。”（《宋史》卷四百四十四）幸而我们还能通过其他材料来了解她——李清照所作的《金石录后序》流传至今，翔实而饱含深情地记载了她和丈夫赵明诚的事业与婚姻。

这对夫妇，一向被看作志同道合、相亲相爱的典范。刚结婚时，二人并不富裕，赵明诚每次从太学放假，总要买些文玩、水果回家，夫妻俩一同“咀嚼”，过的是无忧无虑的神仙日子。后来赵明诚立志成为收藏家，随着他做了官、收入增加，家里也渐渐盈箱溢箧地摆满了金石字画。1126年，金兵入侵。夫妻俩看着满屋文物，“且恋恋，且怅怅，知其必不为己物矣”。次年，他们把尤为贵重的一部分藏品装了十五车，辗转带到江宁（今江苏省南京市）避难。

没多久，留在青州（今山东省潍坊市青州市）老家的其余大部分收藏，就在城池沦陷后化为灰烬——恰如曾经繁荣的北宋政权。不久后，赵明诚病逝，把同样重病的李清照留在战火方炽的人间。

此后，李清照一度再嫁张汝舟，但旋即离异。这位张汝舟本非善类，他觊觎寡妇所挟的值钱文物，所以前来“骗婚”。李清照病得不省人事，任凭家人处理。不料张汝舟婚后对她“遂肆侵凌，日加殴击”（李清照《投内翰綦公崇礼启》），李清照忍无可忍，设法状告官府，几经周折，才摆脱了这场无妄之灾。

一种古今相承、难以逾越的男权偏见是：寡妇再嫁是可耻的。这种偏见在李清照身后的评论中先后形成了两种相反的表现：一种来自南宋文人，他们认为李清照的文才因为这段“黑历史”而贬值了。如王灼《碧鸡漫志》卷二：

> 易安居士……若本朝妇人，当推文采第一。赵死，再嫁某氏，讼而离之，晚节流荡无归。作长短句，能曲折尽人意，轻巧尖新，姿态百出。闾巷荒淫之语，肆意落笔。自古缙绅之家能文妇女，未见如此无顾藉也。

话里话外的意思是：一个失节妇人，能写出什么好东西？她那些善用口语、直抒胸臆的精彩作品，因此便成了“闾巷荒淫之语”。显然，李清照的卓越才华令男性文人感到压力，指责她道德有亏，倒是有效的“精神胜利法”。

另一种表现，是明清时期乃至当代，一些人转而因为服膺于李清照的创作成就，试图打造一个光辉圣洁的形象，便拒绝相信她曾有过再嫁、离异的经历：一些史料被阐释为恶意抹黑，李清照的相关文章被断为伪作。此类说法当然都证据不足，本质上，还是寡妇不宜再嫁的偏见在起作用。

李清照晚年并非“流荡无归”。她恢复了朝廷命妇、赵明诚遗孀的身份，生活也得到了保障。在生命的最后一段时光，李清照一边整理赵明诚的《金石录》，一边热衷于一项游戏——打马。李清照为之写了一系列诗赋作品，这是她难得的“纸上谈兵”的机会：讨论游戏中的攻守、输赢和战略，就是讨论天下形势。否则，一位老妇人还能怎样表达自己对江山前途的关心和对时局的见解呢？

李清照的词

李清照的词，时称“易安体”，当时已有盛名。明代杨慎说“使在衣冠，当与秦七、黄九争雄”（《词品》卷二），将她与最优秀的男性作者并列，也毫不夸张。

但古今对易安词的解读，一直有个问题：人们习惯把她的词看作对生活的记录，于是每一首词，都根据其中情感，被划分在李清照生平的某个阶段。《点绛唇·蹴罢秋千》说“见客入来，袜刬金钗溜”，一定是少女时代，赵明诚来提亲了；《一剪梅·红藕香残玉簟秋》说“云中谁寄锦书来？雁字回时，月满西楼”，一定是二人婚后，因故分居，李清照苦等家书而作。

其实未必。词这种文体，产生于歌筵酒席的娱乐需要，好比今天的流行歌曲——唱的都是词作者自己的事吗？大多不是。早期的词，像温庭筠笔下“懒起画蛾眉”(《菩萨蛮·小山重叠金明灭》)的女子，也不过是虚构情境中的虚构人物。把亲身遭遇像写诗一样写入词作，李煜、苏轼是先行者，但直到南宋才逐渐普遍。李清照“女子作闺音”，既可以写自己，也一样可以杜撰情境、代言抒情，这需要具体分析。

古人却想象出不少这对传奇夫妇的逸事来攀附李清照的词作。最有名的大概是《醉花阴》的段子：二人两地分居期间，“易安以重阳《醉花阴》词函致明诚”，赵明诚起了好胜之心，废寝忘食写出五十首《醉花阴》，和李清照那首混在一起拿给朋友看，朋友却只挑中其中三句——正是李清照那首。(伊世珍《琅嬛记》卷中引《外传》)

故事很有趣，但这首词真是李清照“函致明诚”的相思之作吗？

薄雾浓云愁永昼，瑞脑消金兽。
佳节又重阳，玉枕纱厨，半夜凉初透。

东篱把酒黄昏后，有暗香盈袖。
莫道不销魂，帘卷西风，人比黄花瘦。

开篇写薄雾弥漫，浓云不散，忧愁不解，炉香也烧得如此缓慢，体现出孤独时光的难挨。重阳深秋，玉枕纱帐难以抵御寒凉，主人公夜半难眠。下阕，女子想在东篱丛菊间饮酒排遣愁情。花香满袖之象，化用《古诗十九首·其九》中的“馨香盈怀袖，路远莫致之”。

说的是女子折了朵花，却无法寄给思念的人，只得揣在袖里。瞧，如果是一首“函致明诚”的相思词，怎么会抒发有信难寄之情呢？

“莫道不销魂”一句，体现出整首词是以情感转折来结构的：女子试图排遣愁情，却终于还是被“销魂”的心境俘获。接着，西风乍起，卷动窗帘，也摇落了黄花。主人公见花落而自怜，遂有了“人比黄花瘦”的名句。李清照善于用“瘦”字写残花，《如梦令·昨夜雨疏风骤》有“绿肥红瘦”之语，色彩斑驳，像印象派的绘画。“瘦”字本是写人的，女子的年华老去、容颜憔悴，自古就与花的凋谢密切联系。李清照这两个著名的“瘦”字，合乎文化传统对女性形象的期待：她们敏感地注意到自然的迁移，又脆弱地联想起自己。

但李清照真正了不起的地方却不在此。她还有一首《鹧鸪天·寒日萧萧上锁窗》（以下简称《鹧鸪天》），值得拿来对比：

> 寒日萧萧上锁窗。梧桐应恨夜来霜。
> 酒阑更喜团茶苦，梦断偏宜瑞脑香。
>
> 秋已尽，日犹长。仲宣怀远更凄凉。
> 不如随分尊前醉，莫负东篱菊蕊黄。

此词仍以愁苦开篇：昼有寒日、夜有清霜，酒也阑珊、梦也中断。但一“喜”一“宜”，体现出主人公的苦中作乐。“团茶苦”是可喜的，而生活本身的苦涩也该像茶一般丰富，不该被绝望笼罩。至于熏香，在《醉花阴·薄雾浓云愁永昼》中用来印证时间流逝的迟缓，在此则是为梦醒的人带来慰藉。

深秋时节，就是重阳前后，“日犹长”和“愁永昼”也是相同感受。但这里的女子拒绝像作《登楼赋》的王粲那样，沉溺于凄凉的思绪。她要学渊明“随分”把盏：想怎么喝就怎么喝。排遣心情倒在其次，重要的是，黄花开得正胜（“蕊”字尤显鲜嫩），美景不可辜负。

此词与《醉花阴 · 薄雾浓云愁永昼》都写深秋的愁情，漫长的白日，都以赏花、饮酒来排遣，都用了东篱的典故，也都以情感转折来谋篇。但《醉花阴 · 薄雾浓云愁永昼》用“暗香盈袖”盖过“东篱把酒”，此词却让“东篱把酒”击败“仲宣怀远”——两首词像一对平行世界，分别展现出主人公内心正负能量对抗的两种战果。当《鹧鸪天》让随性的态度和对风光的赏爱占了上风时，词中的女性形象就格外出众。谁说女性就必须敏感、脆弱？去挑战这种被规定的自怨、自怜、难以自拔，也许比选用精巧的字眼（比如“瘦”）表现女性形象，更有意义。

易安词的价值是双重的。一方面，她把符合人们期待的女性情感、忧愁心境表达得更加细腻有力——这已得到了普遍的激赏；另一方面，更重要却不大被注意到的是，她塑造出了挑战读者预设、突破文化定式的别样的女性。

把文学作为归宿的李清照

李清照不仅塑造了与众不同的文学形象，自己也活得与众不同。在并不鼓励女性写作的社会，她却把文学认作一生的归宿。她的作品《感怀》结尾两句：

> 作诗谢绝聊闭门，燕寝凝香有佳思。
> 静中我乃得至交，乌有先生子虚子。

那时她刚随丈夫来到陌生环境，感到百无聊赖，索性埋头到文学创作的“舒适区”中，把司马相如《子虚赋》中的两个人物引为至交。子虚、乌有这两个名字，强调的是虚构性。文学空间对李清照来说，正是寄托于现实之外的一处虚构但自足的“精神家园”。

李清照的才力之高，让同时代的士大夫在她面前占不到一点上风，这在整个文化史上都很罕见。这方面最先受到影响的就是她可怜的丈夫，赵明诚未必真作了五十首《醉花阴》，但这个故事却有蓝本：

> 顷见易安族人言：明诚在建康日，易安每值天大雪，即顶笠、披蓑，循城远览以寻诗。得句必邀其夫赓和，明诚每苦之也。（周辉《清波杂志》卷八）

李清照“顶笠、披蓑，循城远览”地追寻灵感，风采真令人神往；赵明诚也早已对妻子心服口服。《金石录后序》里还说，夫妻俩常玩一个游戏：单凭记忆，说出某个典故出自哪部书第几卷第几页第几行，然后到书堆里当场翻检，说对了奖励喝茶。李清照自称“性偶强记”，于是每每获胜，乐在其中，有时举杯大笑，竟把茶泼了一身。

一个女子如此好赌、好胜、不拘小节，即便没有才学加成，性格也出人意表。但夫妻之间，终不过是游戏而已；面对其他男性作者，李清照同样表现惊人。一个例子是，文坛名宿张耒（苏轼弟子、李清照的长辈）意外获得一块纪念安史之乱平定的《大唐中兴颂》古碑，百感交集，作诗一首，引来不少名家唱和，李清照也和了两首，即《浯溪中兴颂诗和张文潜二首》。想不到李清照的两首诗竟辞情俱佳、慷慨壮烈，反思了安史之乱的原因，讥刺了立碑记功的虚荣，深刻的历史洞见令张耒等一批男性作者无不相形见绌。

诗、文领域，毕竟被男性盘踞了上千年。李清照虽然可以在“他”们的游戏规则内游刃有余，表现得比他们更加阳刚雄浑，却挣不脱这游戏规则。要另辟蹊径，以词为突破口就容易得多。饶是如此，易安词中最负盛名的《声声慢·寻寻觅觅》《凤凰台上忆吹箫·香冷金猊》等作，只因其沿用了传统的情感结构才获得历代读者欢迎。倒是另一些词作，表达了她对自己文学人生的整体观照，更值得细读。

试看《渔家傲·记梦》：

天接云涛连晓雾，星河欲转千帆舞。

仿佛梦魂归帝所。闻天语，殷勤问我归何处。

我报路长嗟日暮，学诗谩有惊人句。

九万里风鹏正举。风休住，蓬舟吹取三山去！

开头的夜空让人想起凡·高的《星空》。云涛晓雾相连，一片茫无涯际；天河中的群星仿佛一只只帆船飞舞旋转。在梦中，作者的魂魄来到天帝之所，听到天帝殷勤相问："你要到哪里去？"这不是问具体的行旅，而是问人生和本性，呼唤彻底的反省。天帝之问其实是李清照的自问："我的人生究竟归宿于何处？我的价值终将如何实现？"

李清照援引前贤作品作答。先是屈原，《离骚》曰："吾令羲和弭节兮，望崦嵫而勿迫。路曼曼其修远兮，吾将上下而求索。"屈原让太阳在落山之前放慢脚步，因为自己还有漫长的路要求索，此即"路长嗟日暮"之意。然后是杜甫，他曾自称"为人性僻耽佳句，语不惊人死不休"（《江上值水如海势聊短述》）。李清照也曾学诗，也曾佳句惊人，但添上"谩有"二字就多了一层深意：纵有佳句又如何？前路仍然漫长，日落在即，时间所剩无多。

在我看来，屈原、杜甫是男性作者中最伟大的两位，都以卓绝的苦难换来了华彩的篇章。身为女性作者的李清照想获得同样自在的表达空间、包容的接受环境，需经受的苦难只有更多。她该"归何处"呢？她认定文学创作是自己的一生事业，却还在苦苦跋涉，杳无归期。

能否搭个便车？李清照想到《庄子·逍遥游》中的壮丽景象：一股磅礴的大风扶摇直上九万里，托起巨大的鲲鹏。像屈原呼唤太阳那样，李清照直接对风说话：“风休住，请你也护送我一程，把我这条小船吹送到蓬莱仙山那理想之境去吧。”这大风象征何种伟力，不得而知——如果强作解人：它是否传达了一种对性别优势的模糊体认呢？曾被托起的大鹏也许指的正是屈原、杜甫这些男性作者。李清照没有大风助力，小小“蓬舟”恐怕终将只是星河中飞舞的“千帆”之一，依旧美丽，却无以出众。

大风只存在于幻象。现实中的女词人只有拒绝俗套的表达、平庸的思路，才能不向传统话语的巨大惯性缴械。《多丽·咏白菊》是极好的例证。

小楼寒，夜长帘幕低垂。

恨萧萧、无情风雨，夜来揉损琼肌。

也不似、贵妃醉脸，也不似、孙寿愁眉。

韩令偷香、徐娘傅粉，莫将比拟未新奇。

细看取、屈平陶令，风韵正相宜。

微风起，清芬酝藉，不减酴醾。

渐秋阑、雪清玉瘦，向人无限依依。

似愁凝、汉皋解佩，似泪洒、纨扇题诗。

朗月清风，浓烟暗雨，天教憔悴度芳姿。

纵爱惜，不知从此、留得几多时？

人情好，何须更忆，泽畔东篱。

这首词正面描绘不多，主体是几处“也不似”和“似”。作者记录了自己的构思过程：她在众多典故之间权衡，思考该用什么比喻白菊。开头写花儿被风雨侵袭，柔弱而憔悴，正像女子疼人的娇态，可词人随即否决了四个把白菊比作女子的典故：杨贵妃、孙寿（善作愁眉等媚态）、贾午（私通韩寿，偷香相赠）、徐妃（傅粉事无考）。“莫将比拟未新奇”——这些老旧的典故全从容貌着眼，没资格比作高洁的白菊。只有屈原、陶渊明才与之相宜，这两位道德人格的不朽典范，都曾深情地吟咏菊花。这就是以操守而非外形作比：风雨后更显坚贞的气节，正如白菊吹送着“清芬”。

女词人从花中读出的，不只是道德，还有殷勤、热切的情感，“向人无限依依”。该比作什么呢？她想到两则无涉菊花的典故：其一，郑交甫同汉水女神一见钟情，女神赠他定情玉佩，但随即玉佩和女神双双消失——扑朔迷离的爱情来无影去无踪。其二，汉昭帝时班婕妤作《怨歌行》：“常恐秋节至，凉飚夺炎热。弃捐箧笥中，恩情中道绝。”秋风一来，扇子就没用了，君王的恩情只怕也一样短暂——也是感慨人情易变。玉佩是白的，团扇则“鲜洁如霜雪”，都照应了白菊之色。

两则典故中生灭无常的人情，恰如白菊所遭的风雨。李清照说，天意如此：美丽的事物往往不得不在坎坷中憔悴，甚至走向消逝。“天教憔悴度芳姿”，简直让人想起“天将降大任于斯人也，必先苦其心志”（《孟子·告子下》）。不过孟子谈的是男人，李清照明里说花，暗里则是谈女子。花要凋零既然是命中注定，百般爱惜又能留到何时？

在人情善变中“憔悴度芳姿”的女性，有了自己的话语和信条。而之前，文化传统似乎对此“失语”，只关注女性的容貌（贵妃、孙寿）、士人的道德（屈原、陶渊明）。李清照偏有魄力跳出传统话语的窠臼，另觅了两个典故为白菊写照。于是白菊的丰富史无前例：不仅象征娇美的姿容、坚贞的操守，还内含着女性的情感与命运。倘若命运静好，玉佩、团扇的比方固然不再有效，屈原、陶渊明这些道德典范也同样不会被想起。

整首词对典故精挑细选，表明李清照有意识地向男权传统的思维和语料挑战：那些平庸烂俗、只适合士大夫的表达被一一放弃。玉佩、团扇的故事固然远非生僻典故，但拿它们比白菊，进而用以揭示女性丰富的生命体验，仍然难能可贵。

文学是李清照的战场；词，就是她的利剑。李清照对此早有明确的意识，她作过一篇震撼世人的《词论》，尖锐地论证了这种新型文体为何不适合满腹经纶的士大夫，而能为旧秩序的挑战者提供另辟蹊径、独当一面的可能。她的词学理论和创作实践，都体现出鲜明的斗争性；她的文学人生，整个是同男权传统对话——乃至对抗——的一生。

李清照个人是伟大的，但遗憾的是，其伟大也只是个人的。她无力扭转乾坤，改变当时全体女性的观念和处境。试看一位孙氏夫人小时候的逸事：

夫人幼有淑质。故赵建康明诚之配李氏，以文辞名家，欲

以其学传夫人，时夫人始十余岁，谢不可，曰：“才藻非女子事也。”（陆游《夫人孙氏墓志铭》）

当时李清照已六十余岁，却被一个小姑娘反唇相讥。没人为孙氏错过良师而遗憾，相反大家认为这是懂事的表现。在哭笑不得中，我们能看到李清照是在怎样孤军奋斗。

作者简介

夏宇阳

北京大学中文系古代文学专业在读博士生，主修先秦两汉文学。曾在北京大学附属中学、陕西省榆林中学开设诗词鉴赏、经典阅读等方面的课程。2018 年以来，与北京民生现代美术馆和知乎快闪课堂合作，主讲“文烩”系列讲座，向公众传递古代文化知识与观念，颇受欢迎，至今已举办逾 15 期。

古人吃饭有什么讲究?

项木咄

到达一个文化核心的最佳途径之一就是通过它的肚子。

俗话说得好，民以食为天。无论在哪个朝代，吃饭都是一件很普通却很重要的事情。透过饮食，我们甚至可以一窥当时的社会面貌和精神内核。著名的考古学家张光直就曾经说过：“到达一个文化核心的最佳途径之一就是通过它的肚子。”

但是，饮食这件事情，或许是因为太过于日常，在正史中反而缺少系统的论述。这个时候我们就得依靠考古发掘了。我们会通过两个代表性的考古遗址，来说明考古学家是如何研究古人“吃”这件事的。

贾湖遗址

第一个遗址，是河南舞阳的贾湖遗址。如果再早两三年，大家对这个遗址可能感到有些陌生，不过在热门综艺《国家宝藏》中，河南博物院拿出的三件国宝里面，其中一件就是贾湖遗址出土的骨笛（见图 2-17）。它是目前为止世界上最早也是最完整的管乐器，距今 9000 年左右。

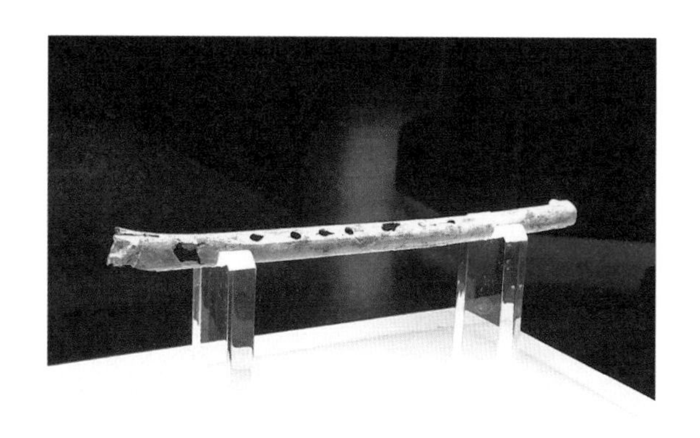

图 2-17　从贾湖遗址出土的骨笛

在节目中，蔡国庆父子表演了贾湖骨笛情景剧，第一幕就是先民品尝食物坏掉后形成的“饮料”。剧里并没有点明这个“饮料”究竟是什么，不过我们可以根据其中一个先民说“喝完之后晕乎乎”的话来推测，这个“饮料”其实就是我们现在所说的“酒”。

爱酒，似乎是全人类的共同爱好。古人将酒的发明归功于仪狄和少康。《世本》中说："仪狄始作酒醪，变五味。少康作秫酒。"许慎的《说文解字》中也说："古者仪狄作酒醪，禹尝而美，遂疏仪狄。杜康又作秫酒。"晋代的文人江统则反对这一论调，他在《酒诰》中提出，酒的出现完全是自然造化之功，由于一些谷物在烹熟之后未食用完，存放一段时间后发酵成了酒。古人受此启发最终创造出了美酒。

没有坚实的证据，古书上的记载终究不太可信。那么，关于"酒是什么时候发明"的这个问题，我们应该如何思考呢？

考古学主张的是"以实物说话"，所以我们可以将这个问题转化为"在一个遗址中出土了什么，我们才能够判断这里已经开始酿酒了"。

很容易想到的一个方法，如果在一些盛酒、饮酒的用具中发现了酒精残留物，就可以非常有力地证明这时已经出现酒了。在考古学中，我们也确实有一些类似的发现。例如，1979 年、1980 年和 1987 年，河南罗山莽张天湖商代墓葬中先后三次出土了内含液体的青铜提梁卣。学者们对液体进行了分析，确认了是残留的酒液。

但是这个方法有个致命的缺陷，因为酒精是一种极易挥发和受微生物影响的化合物，它们在漫长的历史中很难保存下来。所以我们刚刚提到的例子，年代距今都没有很远。如果用这种方法来寻找"最早"的酒，实在是有点力不从心。

还有其他办法吗？经常逛博物馆的朋友可能会留意到，博物馆里很多大型的陶器都会标注用途是酒器，比如仰韶文化的小口尖底瓮、大汶口文化高柄杯等。那么，我们是否可以以酒器作为酒出现的证据呢？这个方法乍一听觉得挺有道理，但却经不起细细推敲。首先，是否一定有了酒具、酒器才能酿酒、喝酒？其次，众所周知，史前陶器一器多用的现象十分普遍，对于这些罐、瓮、杯，虽然博物馆标注的用途是酒器，但仍有更多的可能，比如盛放水、羹、饭等食物。

所以，我们还需要更直接的方法和手段。

考古学家在贾湖遗址中发现了一些形状很有特色的陶器，像腹部穿孔的甑形器、小口双耳罐、高领敞口罐等，这些陶器看起来特别适合存放液体。恰巧，这些陶器中虽然早已没了液体，但由于长期被使用，底部沉淀了一层残留物。

这一层薄薄的残留物，恰巧是解开谜团的钥匙。

在考古学发展的早期阶段，考古学家都是根据发掘出土的遗物、遗址的分布状况和结构来诠释考古发现的，这些都是肉眼能够见到的信息。但是随着考古学的不断发展、不同学科的逐渐介入，考古遗址中那些隐秘的、不易被发觉的部分，例如附着在容器上的残渣、工具上的一些使用痕迹等等，越来越受到重视。通过特定的技术手段，这些所谓的“残留物”甚至能够提供大量的信息。

贾湖遗址这些陶器中沉淀的残留物，是那个时候的先民使用陶器后留下的“物证”，从 1999 年开始，发掘贾湖遗址的考古学家们与美国宾夕法尼亚大学的麦克 · 戈文教授合作，对 16 个陶片标本上的沉淀物进行了化学分析。这位麦克 · 戈文教授是世界酒史研究领域的绝对权威，他曾经在伊朗的一处新石器时代遗址发掘出两件盛有液体的陶罐——距今约 7400 年，这些液体在当时被认为是世界上最早的酒实物。

实验结果出人意料，这些沉淀物中含有酒类挥发后的酒石酸，还包含蜂蜜和山楂的化学成分，最终得出了一个结论：这些陶器曾经盛放过以稻米、蜂蜜和水果为原料混合而成的发酵酒。这是中国目前发现的，也是世界上最早的酒类饮料的沉淀物，从而将人类酿酒史提前到了距今约 9000 年，将世界酒史向前推进了 1000 多年。

这里我们再插一个小八卦，美国特拉华州的“角鲨头”酿酒厂，还特意按照这个配方仿制出一种新款啤酒，名字就叫“贾湖城”啤酒。不得不说，美国人的脑洞简直太大了。

不过，我们还需要纠正一个概念性问题。如果单纯从考古学的角度考虑，其实很难解答“酒的发明起于何时”这个问题。因为考古学讲究的是“以材料说话”，即使是残留物分析，讲究的也是“由什么材料得出什么事实”，而年代越古老，留下的材料就越有限，就越会存在“幸存者偏差”。所以说，考古学其实是一门“残缺”的学科，只能尽可能地去接近历史的真相。说不定，过一段日子考古学家又发现了一个新的史前遗址，把人类的酿酒史推到了万年以前呢。

马王堆汉墓

马王堆汉墓是中国古代墓葬中最知名的墓葬之一。《盗墓笔记》

开篇第一句话就是：“50 年前，长沙镖子岭。”把整个故事背景放在了长沙。

很多人会疑惑，中国那么多古城、古都，南派三叔为什么偏偏选择了长沙呢？

其实在中国的历史上，除了北方的洹洛地区，也就是现在的河南洛阳一带之外，长沙也是盗墓最活跃的地区之一。考古学家商承祚先生在《长沙发掘小记》中就写道：“解放前，长沙盗墓甚炽。”盗墓小说中经常提到的“土夫子”，最初指的就是长沙地区以贩卖黄泥为生的农民。这些“土夫子”平常靠挖地里的黄泥售卖以维持生计，时间一久，或许就碰到古墓，挖到宝贝了。他们发现，用这些宝贝换取的收益要远高于挖泥土，因此一部分人干脆以此为业。长沙一带的盗墓之风由此盛行。

不过，在这个“十室九空”的地方，偏偏有一个墓葬侥幸成了例外，它被考古人员发现后，发掘出的文物数量之多，保存之完好，震惊了全世界。这个墓葬就是闻名世界的马王堆汉墓。

马王堆汉墓，除了出土世界闻名的辛追女尸、素纱褝衣、帛画等，其实还出土了很多与吃有关系的东西，比如藕片、鸡蛋、烤肉这些食材的实物，还有一些餐具、食具，甚至包含汉代的菜单等。

通过这些出土文物，我们可以聊一聊汉人是如何对待吃饭这件事情的。

现在我们吃饭，基本上采用的是围桌聚餐、同盘而食的形式，也就是所谓的“合餐制”。一大堆人围坐在一起吃饭，可以方便交流感情，尤其是在特殊的场合，可以突显热闹的气氛。但是很多人会觉得合餐制非常不卫生，一堆人共享食物，那岂不是每个人的细菌也都“共享”了？于是有人倡议，采用国外的分盘而食、人各一份的“分餐制”。如果我们熟悉历史就会发现，这所谓的“合餐制”，出现的时间其实并不久远，也就 1000 年时间左右。而“分餐制”并不是外国人的专利，至少在汉代的时候，我们的祖先用的就是地道的“分餐而食”。

南北朝的时候，有一个大孝子叫徐孝克，有一次他陪着皇上宴饮，不曾动过一下筷子，可是摆在他面前的佳肴却莫名其妙地减少了。原来徐孝克自己舍不得吃，偷偷地把食物藏在了怀里，带回家孝敬母亲去了。皇上知道这件事后大为感动，下令以后筵席上的食物，凡是摆在徐孝克面前的，他都可以大大方方地带回家去。这个故事的主题虽然是在宣扬孝心，但也可以从侧面看出来，当时采用的是“分餐而食”，不然怎么能够允许徐孝克带食物回家呢？

分餐制的形成，其实与当时人们的起居方式有很大的关系。那个时候还没有出现桌椅等高足家具，人们直接坐在铺在地上的席子上。甲骨文的“坐”字，就是一个人跪坐在一张编织的席上，非常形象。而我们现在常说的“筵席”，其实就是当时规定的正统坐具，“席”指的就是柔软的草，而“筵”字是“竹”字旁，竹子更加结实，用来铺地，上面陈席为座。

这样的一种起居方式，也就决定了你吃饭只能在席子上进行，不可能一堆人围坐在一起共享食物。所以那个时候人们吃饭，首先是席地而坐，面前摆一张低低的小食案（见图 2-18），案上再放一套食具，如果是比较重的食具，就直接放在席子外面的地上。《后汉书》里面记载了一个故事，隐士梁鸿和妻子孟光非常恩爱，每次梁鸿回家，孟光为他准备好食物，然后将食案举至额前，捧到丈夫面前，以示尊重。这就是“举案齐眉”的故事，这说明当时的人们确实是把食物放在案上的，而且食案不会太大、太重，一般仅限一人使用，所以即使是妇人也能轻易举至额前。

图 2-18　马王堆出土的漆案

马王堆汉墓的出土，将这些史书中的故事都具象成了实物。我们在墓中发现了两条竹席、四条草席，发现了六件匕，还发现了长条形的漆案，上面五个小漆盘，一个漆耳杯，两个漆卮，漆盘上还放着一双箸。这很可能就是当时贵族用餐的标准配备。

如果我们来细细分析这些餐具，就会发现汉人饮食的更多细节。比如说，卮是用来盛酒的杯子，为圆筒形，边上有一个把手，跟现在的马克杯有点类似。耳杯则是用来饮酒的器皿，一般上面会写“君幸酒”三个字，代表着“请君饮酒”的意思（见图 2-19）。

这两个器物配合，大致可以反映当时饮酒之风的盛行。《汉书·食货志》中记载："百礼之会，非酒不行。"又说"酒食之会，所以行礼乐也"。无论是日常宴饮还是婚丧嫁娶，都离不开酒，酒的需求量可以说是非常大了。在汉代，很多名人都是好酒之徒，而且往往以此为荣。比如说东汉著名的文学家蔡邕，就曾醉卧途中，被人称之为"醉龙"。汉末三国时期的名士孔融，相传是孔子的二十世孙，也十分爱喝酒，经常说"座上客常满，樽中酒不空，吾无忧矣"。

图 2-19 "君幸食"漆耳杯

除了漆卮、漆耳杯这些饮酒器具之外，马王堆汉墓中还出土了许多盛酒的大型器具，比如说漆钟两件、漆钫四件等，它们的底部分别书写了"石""四斗"等计量单位，而且器身内尚存酒类沉渣。根据研究，仅仅这六件酒具，容量就达到了七十多升，可见当时酒的需求量是多么旺盛。

箸和匕一般是作为进食餐具配合使用的。“箸”，其实就是筷子的古称。明代陆容《菽园杂记》中说，当时民间有一些避讳的风俗，尤其在苏州地区为甚，因为“箸”与“住”“滞”字音接近，而行船讳住，所以就取了反义“快”字，因为快子多用竹制成，最后就变成了“筷子”了。“匕”可不是我们现在说的“匕首”，而是餐匙。马王堆出土的匕由簸箕形的斗和长柄两部分组成，全身髹漆彩绘，样子就相当于我们现在用的勺子。古人进餐的时候，箸和匕分工明确，《礼记·曲礼上》中记载：“饭黍毋以箸……羹之有菜者用梜，其无菜者不用梜。”梜也就是箸，所以说，箸是用来夹菜食的，匕是用来食饭的。虽然我们现在吃饭的时候仍同时使用勺子和筷子，但是它们各自承担的职责却发生了变化。勺子不像古代那样专用于食饭，而是主要用于盛汤；筷子也不仅仅是夹菜的专用工具，它既可以夹取食物，也用于食饭，与“饭黍毋以箸”的古训完全背道而驰了。

我们再来聊聊汉代的烹调方式。现在我们炒菜做饭，主要是用油炒、煎、炸等方式，但是在汉代，油炒的方式并没有推行开来，人们最常用的方法是将肉物、菜料一锅煮，这也就出现了“羹”这样的食物。《说文解字》中羹的解释是“五味和羹”，意思是说羹是五味调和成的肉汤。我们现在也喝羹，但在古代，羹的重要程度远远超过我们的想象。汉代著名的经学家郑玄就称羹食为“食之主也……自诸侯以下至于庶人无等”。西汉的开国皇帝刘邦，还创造了一个与羹有关的词语：分一杯羹。当时楚汉争霸，项羽抓住了刘邦的父亲，扬言刘邦不投降就杀了他父亲炖成肉羹吃。刘邦回了一句："吾与项羽俱北面受命怀王，曰'约为兄弟'，吾翁即若翁，必欲烹而翁，则幸分我一杯羹。"

从马王堆墓出土的遣策中，我们发现羹的用途和种类非常之广。所谓的"遣策"，就是当时丧葬时记录随葬物品的清单。所以但凡记录在册的，我们都有理由相信这些食物是当时常见的，并且是墓主人喜爱的，不然不可能成为随葬品。在遣策中，常见的羹就有酭羹、白羹、巾羹、逢羹和苦羹五大类。而这五大类，又可以细分成很多种，比如说巾羹就是指加了芹菜的肉汤，遣策中列了狗巾羹、雁巾羹、鲫肉藕巾羹等，可以说是五花八门，这也从侧面反映了汉人对羹的喜爱程度。

由此可见，吃什么、怎么吃，每个时代有每个时代的特色，它总是在不断地变化，我们现在习以为常的食物，对古人而言可能压根儿就没见过，而古人的日常食物，却会成为我们现在避之不及的东西。

作者简介

项木啾

知乎艺术话题优秀答主，知乎签约作者。浙江大学文物与博物馆学硕士，出版作品《围观考古现场》。主要关注领域为考古学、艺术史、传统文化。

业余爱好者怎么拍出专业短片？

章潵凡

专业人士看电影都看些什么，有个简单的口诀：“拍了什么？怎么拍的？为什么要这样拍？”

我要说的电影短片，主要指叙事类型的。什么叫专业电影短片？可以将其理解为由专业的团队来制作的作品，或者是影片达到专业级的标准。简单说，就是拍出来的作品看起来“像电影”。

首先介绍一下我自己，我是导演兼编剧章潵凡，上海大学上海电影学院导演系的在职老师，2017 年硕士毕业于北京电影学院导演系，拍过一些片子，得过一些奖项。

其实从拍电影的资历来说，我的资历尚浅，但是我有一件自认为挺自豪的事情，就是我是完全从业余舞台走向专业舞台的：

从初中的时候就开始想拍电影，自己制作业余的故事短片。从 15 岁开始一直到 22 岁，共拍了七部业余故事短片，全部都是自己找朋友一起自费拍摄。考到北京电影学院之后，研究生期间拍了三部专业的电影短片，而在此之前，我的创作并没有非常专业的团队，基本上是我一个人扛起所有的制作，当然也有很多同学、朋友一起帮忙。

我担任过三部长片的编剧，作为导演正在拍自己的第一部长片。短片训练本身是电影创作训练的一门必修课。如果大家想拍出比较专业的电影短片，需要经过长时间的训练。

要拍一部短片，我们首先需要进行创作的准备，不是说有一部机器就能拍。当然现在是数字媒体时代，任何人都可以说是一个视听影像的创作者，大家都可以拍。但要把短片拍成专业级别，就需要创作者做好准备。

首先，大家要学会看电影。这件事说起来很容易，我相信很多人都喜欢写影评，去评价电影。但作为一个创作者，看电影的方式与观众、影迷、影评人则有些不同。在我们上海大学上海电影学院的课堂上，陈凯歌院长、赵晓时老师都强调过，要先学会看电影。专业人士该如何看电影呢？其实这是一个系统课程，但有个简单的口诀："拍了什么？怎么拍的？为什么要这样拍？"

拍了什么？这不是问这部电影讲的是什么故事、主题是什么，而是画面上是什么东西；你看到的、听到的是什么内容；你看到的、听到的元素组合在一起，传达给你的是什么信息。

怎么拍的？这就是关于具体的拍摄方法的问题：拍摄使用的

是什么机器？镜头怎么移动的？灯光是怎样使用的？

为什么要这样拍？这是一个更复杂的问题。为什么这个地方用长镜头？为什么这个地方用正反打？为什么这个地方越轴？

学会用正确的方式看电影，无论长片还是短片，这都需要一个训练过程，看电影的方式会转移到你的创作当中。在掌握了看电影的方法之后，还要保证一定的阅片量，长短片都要看。如果大家想自己拍片子，那么建议你先去看你喜欢的电影。你拍出来的东西一定是受你喜欢的电影影响。另外也要看一些你不是那么喜欢的作品，尝试着用前面说的三个关键问题来看，你就能获得更多的成长空间。

接下来谈一谈技术准备。我的观点是，如果你要拍第一部作品，至少先随手拍三个短片。为什么一定要随手拍？就是为了试错。我对学生也是这样要求，拍正式的联合作业、课堂作业之前，要自己先出去拍；设备没有要求，手机也可以。对从未拍摄过短片的朋友来说，我觉得至少先拍三部随手拍的短片。

先拍身边的纪实性的一件事，题材就是自己身边的生活：过年回家、亲朋好友聚会、我结婚了、朋友结婚了、朋友分手了，这些都能拍。把这件事用你的镜头给拍下来，然后用剪辑软件组合拼接（不要使用自动生成的模板，自己一个个镜头地去剪辑），随后你才会逐渐了解创作短片的大概感觉。

再拍一个场景中的一件事，这次可以是虚构的。在这个阶段暂时不要在意技术问题，找两个朋友随意进行一场对话，设定一些小冲突，手机拍完后，尝试着自己剪辑出来。这一阶段拍出的成片，现在在网络上的许多短视频平台都可以看到类似的作品。

最后可以拍一个完整的故事，片长在 3 到 5 分钟为宜。因为片长太短，很考验结构，而太长的没有意义，你没有得到锻炼，所以片长在 3 到 5 分钟为宜。这一部依然不要去花太多的钱，就找朋友来参与演出，用手机进行拍摄，因为试错的意义就是为了降低成本。拍完这三部，你再拿出你的积蓄，找演员，配备好一点的摄影机，试拍第一部电影短片。

对于练习拍摄短片，三部其实是远远不够的，但这是最基础的三个阶段。在这个练习的过程中还有一点很重要，就是养成当一个制作人的习惯，也就是说得从头至尾一个人感受一部电影的过程：你自己编了剧本，你组织了团队，你参与了拍摄，你完成了后期，最后有了成片，发布到网络上。这个从头至尾的过程，对于自己独立制作短片来说是非常重要的。

这是很多业余创作者相对于很多专业院校的学生的一个很大的优势。在现在的新媒体时代，练习拍摄短片能够启发你对于整部影片的把握程度，甚至可能会改变你的职业生涯。在尝试创作的过程中，也许你会发现自己并不能主持拍摄，但是很会写故事，或者说很喜欢研究镜头的构图和光的形态，甚至发现自己喜欢短片的音乐创作。你要经历这个过程，才能发现自己是不是真正适合做导演。

完成了这三个随手拍之后，我们要知道自己到底要拍什么。大多数人想拍短片，是因为有表达的欲望，比如想表达一个特别有意思的故事，或者一个特别有意思的创意。在正式着手创作之前，先要回顾一下自己的创作目的。比如说看到一个特别有意思的短片想模仿，这都有可能。想清楚这件事之后再去往下想，会对你的创作有很大的帮助。

在开始创作之后，大家需要注意的一点是，创意和故事是两回事。比如说我有个特别牛的创意，我要拍一个人从未来的时空穿越到现在，这是个创意，这不是故事。永远要去想你的故事。如果只想拍创意行不行？这也是可以的。1 分钟、2 分钟、3 分钟的短片，都可以只拍创意，但是一个创意撑不到 5 分钟以上，仅仅是创意支撑不了一个完整的故事，故事需要人物、情节等很多元素一起构建。

关于创作成本的问题，周传基老师说过的一句话很有参考意义，大致意思是这样：拍大片的是蠢才，拍正常片的是庸才，拍小成本的是人才，拍零成本的是天才。虽然很绝对，但是可以提示我们，其实成本并不是越高越好。

我们需要选择合适的技术和团队。其实现在技术发展很快，手机就能满足一些拍摄需求，比如苹果手机能达到 4K 分辨率，还有高帧率镜头，已经非常厉害。假如你不满足于此，想用单反，如果有这个预算当然也可以。但是假如一上来就非得去租高级设备，那就很没必要。越好的器材，维护和使用成本越高。用了高级设备，结果什么也拍不出来，那不是浪费吗？

手机拍摄其实完全是可以的，包括我们专业院校，现在都是建议大家从用手机开始拍片子，因为最重要的精神因素是热情。如果有人有业余拍短片、找朋友一起拍的经历，肯定就知道，拍摄过程中团队可能会意见不统一，也可能因为强度太大而感到劳累。而你作为导演，或者说团队的核心人物，一定要有热情。热情来源于什么呢？还是来源于充足的准备：我知道我要干什么，从一开始就知道我要拍什么内容，这样才会有热情。

2014 年拍摄《马梗子的奇妙青春》时，我正在准备考研，当时临近毕业，要写毕业论文，任务很繁重，所以拍片子需要很大的热情。热情的前提是我知道我要拍什么，拍摄是大家一起做的任务，但是具体的拍摄内容不是大家讨论决定的，一定要提前定好。

接下来就进入最难的部分——电影感。怎么把短片拍得像电影？很多人肯定都有这种疑问，怎么拍都像是手机视频，怎么拍都像是小数码摄像机拍出来的视频，怎么办？这个话题很大，很难三言两语说得很清楚，我只能尽量分享一些观念。

首先，什么是电影感呢？电影感是一种综合的东西，它的故事、叙事结构、表演、视听把握、调度、光、美术，包括剪辑后期一系列的要素，构成了一部完整的电影。只有经过很多的锻炼，具备一定的素养才能形成创作思路。

电影感的营造有没有捷径？也可以说有一些简单有效的方法，但其实是我们创作当中的基本规律的外化。比如说选择场景的问题，选择什么样的场景对你片子的影响非常大。我举个例子，大一的时候我跟室友一起拍了一部短片，是悬疑惊悚的题材，有不少尸体的镜头。但我选择的场景是在宿舍，并且是见缝插针地拍，结果后期剪辑的时候才注意到，很多镜头里尸体的头顶上都挂着内裤，而且镜头一转，内裤还不一样，因为是跳拍的，没有接上。

这样拍摄出来的作品就会让人觉得很糟糕，所以场景选择是很重要的。

我在 2016 年拍摄了《法内之徒》，影片开场是在北京胡同里的一个背影。拍摄时没有做什么人工灯光效果，因为我们团队很小，只有五个人去拍。这个场景本来应该有斑驳的墙壁，光影照进来之后，在地上的阴影很漂亮，结果当天没有合适的光线。还有一点比较糟糕，就是我们早上去拍的时候，好多人在那儿遛狗，所以地上有很多狗屎，不过这个处理之后就没什么问题了。

所以场景选择对独立拍片非常重要。好的场景层次要丰富，但不一定需要十分复杂，这就是一种捷径。好的场景，比如说废弃工厂、破旧胡同，就是很适合拍摄的场景。

除了场景，还有一个很重要的元素就是声音。自己拍片经常会忽略声音，或者说剪的时候才发现声音和画面不适合。声音是非常重要的视听语言，很多时候听力占一半甚至更多。所以，第一点是避免杂音，拍摄时注意录音的环境，也注意录音的设备和方法。第二点是千万不要寄希望于后期配音。很多人包括我们的学生都存在这个问题，喜欢用后期来解决一切问题。问题在于后期配音其实是非常难的，你不是专业配音演员或声音设计师，无法完美地完成配音工作。最后一点，就是避免连续铺音乐，很多人做片子都喜欢这样干，包括我自己，但这其实并不是最佳的方法。虽然音乐能够辅助你，但连续铺音乐会让片子显得很廉价。

那短片的声音到底应该怎么做呢？大家可以去尝试用点音效。音效往往是一场戏重要的组成部分，它能避免视听的不平衡感，而且音响相对来说好配。另外还可以尝试多用动作，少用对话。拍对话为什么很难呢？因为拍对话对对白写作的要求很高，并且在拍摄上也容易产生视觉疲劳，所以要多用动作来代替对白。

接下来说光的问题。光的处理是非常难的，在正式的工业电影制作过程中，布光经常需要两三个小时。因为光是电影造型的本质，是电影造型的所有基础，我们需要光才能看见颜色、形状、动作；有形的光，能够给我们形成一些线条、阴影。因此，光的学问十分高深。对于业余的朋友来说，当然不可能用专业的要求来创作光，但至少不要出现最简单的技术错误，比如不能过度曝光，也不能曝光不足，造成画面照度过低。自己拍摄短片，可以用一些自然光，也可以做一些简单的光效，比如说稍微做下反光处理。总之对于光，首先要有创作上的自觉，要重视光的作用。

表演也是非常难的，因为自己拍片使用的基本是非专业演员，很多时候表演是惨不忍睹的。大家记住一句很简单的话：永远低估你的演员。为什么一定要低估演员？因为你一旦高估演员，拍摄的时候效果达不到，就很难补回来。比如说你设计了哭戏，但是非专业演员很难做到理解和表现哭戏的层次、理由和人物背景。怎样去低估演员呢？首先，在编剧的时候就要少给他写复杂的戏，比如不能跟演员说，这个镜头你要哭出又开心但是又难受，而且又还有一点期望和悲凉的那种感觉。第二是慎用特写，因为特写对于演员表情的要求是很高的，达不到要求的话，拍出来会非常难看。

那么演员的问题怎么解决呢？用你的导演手法帮助他。比如你要拍一个人回到老家，看到老房子被拆了之后的情绪和反应。

怎么拍呢？一种方法是直接给特写拍面部表情，但是，表现出悲凉、孤独又有点复杂的情绪对业余演员来说很难。其实你只需要拍摄一个背影，让演员站在拆除的老房子前面，观众就能感觉到他的情绪。这就是用导演的手法来帮助人物表达情绪。

以上是我早期短片拍摄创作的经验之谈，希望大家可以多多练习，多多创作，因为只有在不断创作的过程中才会进步。

作者简介

章漱凡

2017 届北京电影学院导演系硕士，复旦大学新闻学院本科毕业，现担任上海大学上海电影学院导演系教师，导演，编剧，知乎电影、电影评论话题优秀答主。2014 年拍摄的短片《马梗子的奇妙青春》获北京大学生电影节原创大赛最佳剧情片奖等，2017 年拍摄的短片《丽莎》获全亚洲独立电影节最佳国际短片、安特卫普电影节最佳导演等。监制、编剧、导演多部网剧，现正进行个人第三部长片剧本创作。

后唱片时代，音乐里到底丢失了什么？

梁 源

90% 的人都是在被处理过的音乐包围下成长起来的。

要谈这个话题，录音和唱片是绕不开的。迄今为止，我们看到的或者说我们听到的录音大概分成两个时代，第一个时代是模拟录音时代。模拟录音的原理是把电信号转化成磁信号，记录在磁带上，然后再复制到黑胶上。真正的无损，实际上是一个带引号的东西，不是绝对意义上的“无损”。在模拟时代制作音乐，是一件特别麻烦的事。现在我们制作音乐，一切东西都是可视化的。比如一个音乐里可能有 20 种乐器，20 轨并在一起，音乐就出来了。但是在模拟时代，想操作这些乐器间各种各样的关系，是无法可视的，想调整某轨的音量，或是调整某轨的电频，这都很困难。所以，在模拟录音的时代，音乐制作的门槛非常高。

过了模拟时代，就是数字录音的时代。比如 CD 时代，电信号转换成数字信号，这时制作、收听和传播的成本变低，同时这个时代对音乐人的要求也降低了一些。但是这个“降低”是相对的，比如著名的音乐制作人李宗盛做唱片的时候，同时代的制作人都有一辆搬家公司的车。他去录音之前，要把很多设备一个一个地搬到车上，然后拉到棚里开始录，录完了以后再把设备搬回家开始制作。而现在做音乐，一台电脑就搞定了，一个大学生可以很容易地当一名独立音乐人。如果再往前，三四十年前，一个人想当独立音乐人只有一条路，那就是成为弹吉他的民谣歌手。

数字录音有几个关键性的技术指标，一个是采样率，一个是量化级。CD 唱片的采样率是 44.1 千赫兹，量化精度为 16 位（bit）。这里就涉及一个问题：这些模拟的音频是如何被采样成数字信号的？ CD 唱片刚出现的时候是 20 世纪 80 年代，没有电脑，数字的东西无法可视化。音乐在播放的时候有一个波形，在采样的过程中，有一个高速摄像机一直在给波形拍照片，把所有音频在示波器里的信号拍摄下来，每秒钟拍摄 44 100 次，这些照片拼在一起可以成为一个连续的波形，然后用一个旋转磁头的磁带把波形的变化记录下来，就制成了当时的数字母带。现在很多唱片库里所保存的数字母带，并不是你想象中的大开盘带，而是一个很小的磁带。这样的磁带本身也会消磁，这就是为什么很多数字母带收集量也在丢失，因为很多我们现在看起来是理所当然的东西，在当时都不是利用工业做出来的。

“动态”和“响度”

音乐中有一个名词叫“动态”。什么是动态？动态是音乐中最大响度和最小响度之间的差值。比如不说话时是0分贝，开始大喊是100分贝，这里的动态就是0~100之间的范围。什么时候动态最大？开始大喊的动态最大，差值越大，动态越大。对于CD唱片来讲，它所能够承载的动态在90左右，接近100。CD所能承载的动态宽容度是极大的，黑胶唱片远不如CD。今天的所有技术进步，实际上都是各种各样指标的进步。各个时代不一样，时代在进步，新的载体指标要远远比老的载体指标好。

郭兰英老师唱的《我的祖国》，用黑胶唱片可以很好地展示一个“大动态”。这首创作于1956年的歌曲，如果你有机会聆听这部作品，会发现它听起来像一群大爷大妈在你面前近距离地唱歌，有一种很微妙的临场感。这是一件非常有意思的事情，因为这在当时是一个好的录音，好的录音可以激起各种各样的感觉。而当今这个时代的音乐听起来技术指标更高，但为什么我们在现在的唱片里听不到这样的声音？这当然和录音质量有关系，但更重要的是，今天所能够听到的音乐，大部分都是被处理过的。

首先，唱片不是现场，唱片中的录音无法重现现场的声音。即便是当今的唱片，你所听到的声音就是还原录音现场的声音吗？并非如此吧。如果用当今的设备给郭兰英老师挑毛病，所有人都可以挑出来，但当年的制作人没有这样的设备。也就是说，你对此做任何价值判断，都无法与当时的艺术家团队达成一致，我们不能拿今天的设备和今天的听音环境去褒贬老艺术家。

音乐，尤其是唱片自被发明以来就成为工业产品，具有很多工业流程和标准。我们今天讨论音乐的时候，更多人喜欢把目光投在音乐本身，讨论词曲写得好不好。我们不能忽略的是，工业流程和标准也很重要。如果你不去了解这些标准，不去探讨这些标准，最后听到的音乐一定是被处理过的音乐。我认为 90% 的人都是在被处理过的音乐包围下成长起来的。

所以，录音是每个时代音乐人的艺术品，追求客观需要正确地播放它。我所理解的正确播放是，如果我们把郭兰英老师在 20 世纪 50 年代的录音用当时的设备播放，你的听感应该是正确的，因为那是那个时代的音乐人的判断。我以前觉得这件事情很离谱，现在的设备精度这么高了，怎么还会有这样的问题？当我第一次在一台有 70 年历史的号角音箱上播放周璇的音乐时，我才知道当年为什么上海的有钱人要在家养一个歌女让她唱歌，这种事情如果没有机会体验，你可能永远都不知道。你在听音乐的过程中产生的所有感觉，你都要相信。很多人会告诉你，今天听到的 CD 唱片有数码味，是因为你脑放，有各种各样的幻想。你要相信这种感觉的正确，但你也要相信科学，要研究为什么会出现脑放，不要别人说你一句脑放你就恼了，所有感觉都可以用科学解释。

其次，这里涉及音乐里的另一个概念——响度战争。响度战争是一个很有意思的概念，我们现在听到的很多音乐动态都比较小，很大的原因来自响度战争。如果我们把音量调得比平时听音乐的音量小一些，我们可能就无法再被音乐吸引，沉浸其中，音乐对于我们来说意义可能就没有那么大了。唱片公司也是这样思考的：如何让我发行的唱片和别人的不一样，一下子就可以抓住听众的耳朵？这是响度战争的由来，即牺牲动态范围来换取响度。

图 2-20 是迈克尔·杰克逊在不同年份发行的三首歌曲的响度对比，最上面是 1991 年的作品，然后分别是 1995 年、2007 年的作品。整个音频的波形越来越满，也就是说响度越来越大。对响度的直接理解就是音量，音量越来越大，等比提升响度是第一步。如果觉得等比提升不过瘾了，接下来应该怎么提升？把响度小的地方提升上去，也就是说把音量小的地方提升上去。做这件事情的时候，是否已经改变了音乐人最开始对这

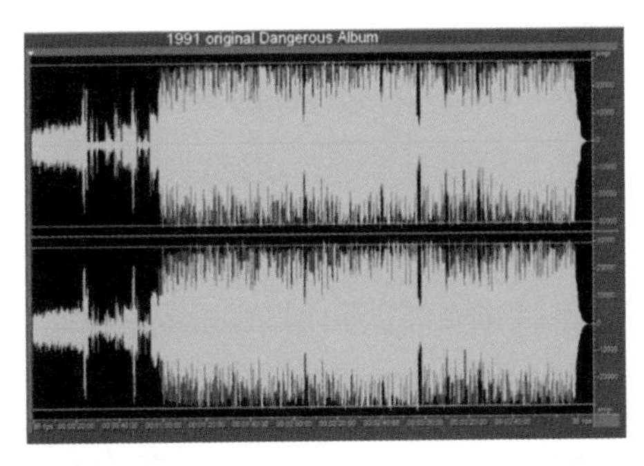

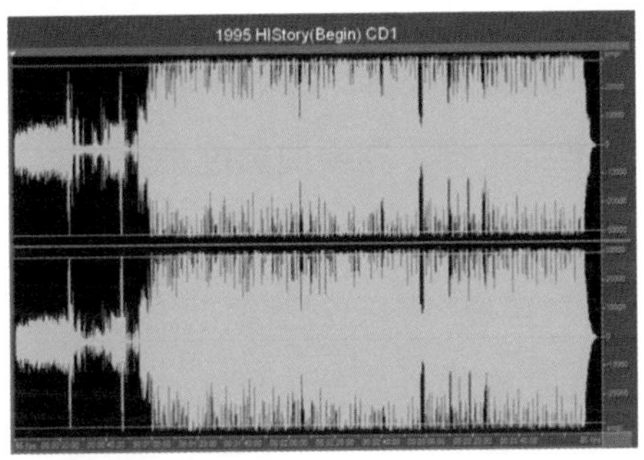

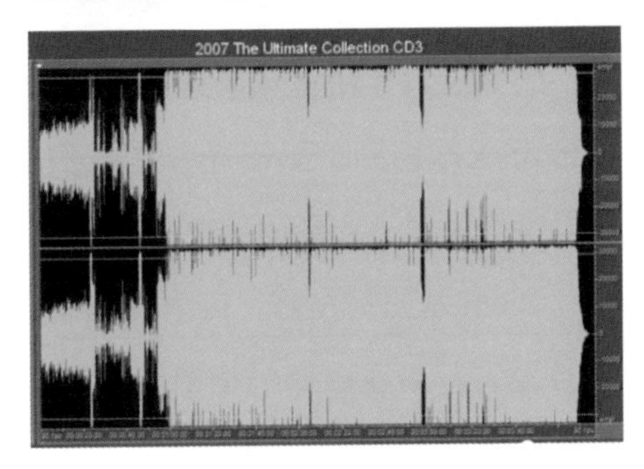

图 2-20　迈克尔 · 杰克逊 1991 年、1995 年、2007 年发行的歌曲的响度对比

首歌的制作初衷？但确实获得了更大的响度。

为什么要做这件事？因为当你保留了动态的时候，会给人一种真实感，当你有大响度的时候，会给人一种更加直接的刺激。比如我们在夜店里跟着电子音乐跳舞时，就想在现场发泄。20 世纪 80 年代，大家可能还是一种相对来说比较斯文的状态，只是随便蹦，但现在必须得甩起来。因为各种各样的原因，声、光、电和舞台效果等等，现在的电子音乐追求的是大响度的直接刺激，而在 20 世纪 80 年代做音乐还是偏向真实的环境。这就是响度战争。

这里也涉及一个比较有意思的问题：同一张唱片，声音为什么会不一样？是不是我的耳朵有问题？同一张唱片 20 世纪 80 年代发行的和 2000 年以后发行的当然不一样，因为当时音乐的工作标准不一样，需要的强度不一样，需要的动态不一样，声音就不一样。那么，还有什么会影响音乐的最终效果呢？

“电压”到底对音箱系统有没有干扰？一定是有干扰的，干扰在于你家的电压是不是 220 伏的。很多人以为电压就应该是 220 伏的，但是国家允许电压有 7% 左右的浮动，在电压条件恶劣的地方，比如在写字楼里频繁遇到的设备开关，会有各种各样的电流，导致电压是特别“不干净”的。很多模拟设备都是特别脆弱的，在录音的时候一定要隔离电源。

CD 的音质特别好，因为数字录音指标在录音的时候不会出现信号丢失。高速摄像机拍摄波形信号的时候，在这样的状态下出现什么样的状况导致信号丢失？这个问题我问了中国引进第一套 CD 系统的工程师，也是中国唱片集团最老的工程师。他说最难的就是避免灰尘。因为一小粒灰尘，就可以挡住一大片方波。因为每秒钟要采样 44 100 次，所以一粒很小的灰尘可以造成大量的信号流失，也就是我们听到的所谓的“数码味”。即使在一个无尘的环境下做采录，也不能保证每一盘数字带里的生产环境完全是无尘的，有各种各样的原因会导致信号丢失。人们追求听到的是真实的声音，但你是否真的受得了在录音棚里听音乐？我保证 80% 的人进录音棚里听音乐会发疯，不明白音乐怎么会那么难听。

“音乐的核心”和“客观如何定义”

有人在知乎上提问，问母带和 CD 哪一个载体更好？有一个知友回答了，他认为指标是为了让自己更好地接触音乐的核心，减少对设备的关注，高指标的设备具有很低的差异性，随便来一套都不会太差。由于诡异的市场问题，指标好的设备比指标差的设备便宜。数据派的人士都不是传统意义上的发烧友，他们只是一群想用简单的方法听客观上最好的声音的人，不想在古董设备上浪费时间和金钱。

说到客观，谁定义音乐的客观？这个东西是什么？

图 2-21 是 RA2A，它是世界上第一台压缩器。压缩器是现在做音乐时常用的一个东西，当声音突然变得很大的时候，它会把声音压下来。反之，当声音特别小、有精巧的设计时，压缩器会将细节放大，将那些小的动态部分的声音变得更加好听。

劳伦斯当年闲暇时听广播，因为那会儿的唱片音量不一样，有的时候声音大，有的时候声音小，他得经常拧那个旋钮，特别烦。他想让音量均衡一下，于是设计了压缩器。这台压缩器是1962 年在美国开始使用的，也就是说在录制《我的祖国》的那个时代是没有压缩器的。

再回到之前的问题，好的技术会让你听到更真实、更原始的声音吗？我认为不一定，不能说一定会或者说一定不会，但它一定是个“不一定”的过程。图 2-21 这台压缩器在 1999 年被复刻，因为很多音乐人喜欢被它压缩出来的声音。

图 2-22 是一张音频制作软件的截图，这是很多入门做音乐的

图 2-21　RA2A

人最爱用的软件。光压缩器的选项就有很多种，为什么很多音乐人最后还会选择那台 1956 年的压缩器呢？告诉大家一个道理，艺术家在做音乐的时候，追求的不是真实，而是好听。我们今天想去还原所谓的真实、客观，本身就是一个错误的选择。了解这种真实需要先了解了艺术家的意图，而你很难了解艺术家的意图，你得了解艺术家在那个时候在想什么、干什么，为什么有这样的审美，用的是什么样的设备，设备的局限是什么，工业环境是什么样的，听音乐的环境是什么样的，等等，需要全面地了解后才能知道艺术家的意图，而不是看这些设备的指标。如果想完整地

图 2-22　音频制作软件截图

了解音乐，这是必须钻研的事情。

“响度战争里牺牲的艺术”和“音乐中的真诚”

如果有机会用好的设备聆听 1975 年发行的这张《愿你在此》（*Wish You Were Here*），能听到的小细节的音量会比当年大很多。没有亲耳听过这张唱片，是不知道艺术家在当年花了多少心思来做这件事的，这是我在做音乐转录的时候的一个教训。这张唱片我听了很多遍，在我再次听这张唱片的时候，我又一次体会到平克·弗洛伊德（Pink Floyd）为什么伟大，为什么那个时代的人在听他们的音乐的时候都觉得很受影响。

这首歌怀念的是当时离开平克·弗洛伊德乐队的才华横溢的吉他手西德·巴勒特（Syd Barratt），唱片 B 面的第一首歌是《抽根雪茄》（Have a Cigar），第二首是《愿你在此》。按顺序聆听，在《抽根雪茄》的尾部，有大段的吉他独奏，突然，有一声类似于卷带的声音发出之后，吉他的声音变得特别小，并且只停留在右声道。接着收音机的声音从右声道传出，然后就是属于《愿你在此》的经典连复段。但从卷带开始，这些声音全部集中在右声道，左声道基本属于没有声音的状态。直到左声道有一声擤鼻涕的声音，吉他弹起，与右声道的那个经典连复段呼应，人声才响起。

明白怎么回事了吗？艺术家在拿着吉他跟这个收音机里的人对话。西德·巴勒特是响度战争的牺牲品。这首歌的电频差太大了，开始听到的声音太小，所以做了混音效果，把收音机的吉他声音和他本身的吉他声音调整成同一个电频的强度。很多人因为这个设计而听不明白这首歌，这就是后唱片时代的迷失，在响度战争里牺牲的艺术。

音乐中重要的不只是响度，还有音乐中的真诚。张雨生的《天天想你》不是一首情歌，他的妹妹在 1986 年溺死了，这件事真正促使张雨生去唱歌，所以我们听到的《天天想你》是怀念亲人的歌曲，并不是关于爱情的歌曲。我们可以听听张雨生的表达，除了情感和真实以外，他的技巧也极为成熟。我一直觉得如今很难有男歌手能超越张雨生的状态。今天再去听张雨生的时候，很多新的唱片对人声进行了压缩，听到的声音没有这么亮。

我认为更加重要的是音乐审美。我们听到现在的音乐为什么感动？因为涉及的话题，以及创作的过程都是非常真诚和真实的状态。《天天想你》超越了怀念，如果不给大家讲这个故事，很多人可能会觉得这是首情歌，也会觉得很真实。这样的音乐之所以好，是因为它已经超越了我们对感情的普通的定义，把这个东西升华，这就是好的音乐，它的背后有一种力量。

那么王菲和谭晶，谁的唱功好？这也是知乎上一个很有意思的问题。我记得有一个回答，说谭晶比较全面，什么都会，所以谭晶唱得好。我是这样看这件事的，音乐不是竞赛，尽量不要做价值判断，不要说谁好，谁不好，如果一定要做，就得公平。

王菲的巅峰在哪儿？我认为就是《天空》这张专辑，最能凸显王菲功力的就是《矜持》。这首歌她很少现场唱，因为太难唱了，这首歌全部都是用王菲的人声推进的。整个故事是描写一个女孩独自幻想有爱人的状态，然后逐渐地释放情感。王菲是怎样用自己的歌声撑起整个场面，让音乐丰富起来的，在这首歌里你都能找到答案。

“意识的进步”、“寻找边界”和“丰富的细节”

在后唱片时代，意识的进步也是非常重要的一点。能在音乐中有意识地进步是非常困难的。在这里，用约翰·柯川（John Coltrane）的《至高无上的爱》（*A Love Supreme*）来举例。爵士乐是很有门槛的音乐风格，爵士乐里有一个非常核心的概念——即兴演奏。所有的即兴都是有标准的，我们最常见的一种爵士乐演奏方法，或者说爵士乐的一种演奏模式，是在一些简单的曲子（比如爵士标准曲）上进行即兴演奏。到了1965年的时候，约翰·柯川觉得传统的即兴应该被突破、被颠覆。他在录《至高无上的爱》这首歌之前和贝斯手说，今天不在任何曲目上进行即兴，我们在“a，love，supreme”三个单词的基础上进行即兴。歌曲刚开始，听到的是贝斯手弹奏模仿这三个词的读音，你会听到每一句都在至高无上的爱的基础上进行发展。有的发展好像越过去了，有的还堵在那里。这首曲子为什么伟大？因为它突破了爵士乐的思考方式。

创新是非常严肃的词，不是说一个艺术家突破自己的边界就是创新。从音乐史的角度看，或者说真正客观衡量音乐的时候，我们所理解的创新，必须得是在音乐整体意识上做出突破的东西才能叫作创新。爵士乐是一种什么样的音乐？它是一个必须得了解了一种规则才能欣赏的音乐，它的门槛本身就非常高。所以我想和大家说，很多人觉得爵士乐是一种感觉，但爵士音乐里包含着非常智慧的东西。它不是一种非常容易懂的音乐。

大卫·鲍伊（David Bowie）的《太空怪客》（Space Oddity）这首歌很多人都知道，马斯克把火箭送上天的时候放了这首歌。《太空怪客》这首作品，风格是太空摇滚，它向我们展示了1969年的人利用音乐给大家描绘的一种太空的听感。什么是听觉刺激的边界？模仿火箭升空时，你会听到特别吵的声音，只要达到你耳朵的痛阈，一秒钟立刻压下去，这是对生理上听觉的边界刺激。当年很多音乐人追求的就是这个东西。聆听音乐的时候，“感觉”是一直在起伏的，很多是生理上的感觉。而我们今天听音乐的时候，很多人听的是心理上的感觉，忽略了生理上的感觉。这个概念现在听着简单，无非就是左边和右边，但这在早期是空间感的东西。

一个好的录音里一定有特别多的细节，比如《末代皇帝》的电影原声专辑。声音的组合，能够被忠实地记录及和谐地表达，是判定音乐优秀的关键。在一张唱片里，所有的东西都是艺术：演奏是艺术，录音是艺术，混音也是艺术。只有所有的环节都做到最好，唱片才能做到最好。在《末代皇帝》中你会听到，各种元素是一个一个地出现，声音以及每一样乐器电频的搭配都达到了一定的程度，让你有一种和谐的感觉，包括层次感，这就是艺术家下的功夫。这不一定是真实现场演奏出来的声音，但这是唱片可以带来的享受。

“音乐发展的趋势”和“好音乐的标准”

后唱片时代，音乐发展的趋势是什么？是追求更直接的刺激，追求更低的成本，以及追求更快的传播。当年我们听唱片都花钱，都是一张一张地买，现在通过微信分享就可以听歌了。

音乐本身是艺术，但音乐工业是一门生意。音乐也在进步。你听到的新歌为什么新鲜？首先是前面所说的技术和意识的进步，其次是市场和商业的需求，还有受众信息的不对称。你所感到的“新鲜的东西”，大概率不新鲜，只是因为你不了解。对我来说，想让我今天听到一首“新鲜的音乐”，太难了。天天出新歌，每首听着都不新鲜。

好音乐的标准是什么？我有两个衡量标准：一个是开创全新的风格，一个是在框架内做到极致。什么是开创全新风格？比如说早期听古典音乐，巴洛克时期的古典音乐讨论的都是神。到了古典音乐时期，贝多芬开始讨论人。到了印象派时期，大家开始讨论音乐是否真的能够描述世间的其他东西。然后到了爵士乐时代，开始对音乐本身进行讨论。包括我们听到的约翰·柯川的作品，在这个过程中产生了摇滚乐，产生了电声乐器，以前常用到的提琴等乐器都变成了传统的乐器。今天可以听到很多的音乐音色，是因为有了电子乐。如果没有电子乐，我们现在所听到的音乐声音的丰富程度远远不如今天。因为电子乐的发明，我们才能听到这么多的声音，包括嘻哈的产生也是一样的。

一把大提琴有多大的能量？巴赫为什么伟大？你不用懂任何的乐理，直接感觉就好了。好的录音可以告诉你，为什么巴赫的音乐能让你感觉到崇高，因为它给你带来的力量是非常直接的，这就是框架内做到极致。并不是巴赫做了创新，把巴赫的神性和力量表达到极致，这种录音就是好的录音。

人的一生太短了，我想送给读者的真正的建议就是四个字：不听烂歌。听歌是我的工作，什么歌都得听，如果你想评价，就得听完，有时候挺难受的。但对更多的人来说，你把音乐当成爱好，甚至你想在音乐上能够理解更深层次的东西，了解音乐背后更加精彩的东西，就一定要记住不听烂歌，哪怕反复挖掘经典也不要听烂歌。

怎么挖掘经典？参考各种排行榜，例如“有生之年非听不可的 1001 张唱片”，中文唱片里的“台湾百佳唱片”，这些榜单都是很好的导听。在这个过程中如果真的把经典的东西都吸收了，你再听后面的音乐，就会很自然地知道为什么有的音乐不行。我的耳朵就是在这样的环境下工作很多年训练出来的。

记住一定不要听烂歌，烂歌听多了，即使你花了很多时间沉浸其中，但其实你的进步非常少，感觉不到音乐里最精彩的部分到底是什么。

作者简介

梁源

互联网音乐产业资深从业者，知乎音乐话题优秀回答者，艺术家。乐评经常被各路粉丝追着骂好几千层楼，骂完了还盼着更新。

职场

创意对我们有用吗？

车　路

不管是不是创意行业的从业人员，你都可以用创意作为解决问题的方法，用解决问题的思路去生活。一个人能实现的最好的创意，就是把生活作为自己最重要的创意去经营。

在成为一个创意人的十年里，我看到了太多“速成教学”。新人们也带着各种期待，希望自己能从某一篇微信公众号文章、某一个大师的总结、某一个知乎问答中，得到最终答案。

坏消息是，这篇文章中并不包含这样的答案和秘诀；好消息是，我分享这些心得，并不一定要求你是一个广告、传播从业人员。创意不仅是广告中的重要元素，也可以是一种生活方式。在广告中，创意能提高广告的效率，能帮助企业、大品牌或者自创品牌实现与消费者更好的沟通；在生活中，创意也能够帮助每个人表达自我，成为一个有趣一点的人。

创意的快捷方式能够被总结吗?

在流量的冲击下,“创意”似乎不值一提。毕竟品牌主关心的“品效合一”说的是曝光量、转化率,是美好的结果,而不是实现它的艰难过程。创意充其量是解决诸多问题的一种工具,或一种使用工具的方法。算法的推送驱使大家关注某个品牌,或者购买一本从未听说过的书,点开一个有一点耸动的标题。在这个系统中,存在着许许多多可变因素,而作为一个柔软的个体,你可以暂时抛开对整个系统的研究和了解,去精进自己。所以你知道了许许多多的广告案例,看过了各种各样的分析文章,了解到了更多的规律,你好像懂得更多了一点,那就是创意了吗?

当你通过搜索引擎学习创意的时候,你已经走在了错误的道路上。我们所谓的创意是一条别人没有走过的路,或者还没有想到的方法,或者一个全新的视角。当你复制别人的方法时,你已经失去了自己的创意。

“跨界联名”等不同的广告思路被总结出来,这些方法可以学习吗?一部分人觉得不需要考虑这些,我想要做什么就做什么。而另一些人陷入了极度功利之中,习惯性地进入套路,却不去进一步了解为什么是这样。当一个套路成型,它作为创意的“特别”也就荡然无存。

创意用来做什么？

广告业就是服务业，创意人就是服务员。搞清楚了自己是一个服务员，而不是艺术家的真实身份后，心态就会平衡很多。当客户遇到问题，他们找来了创意人。虽然市场部也知道流量逻辑，但是他们还是需要创意人的帮助，才能解决复杂、独一无二的问题。而你，就是在这有限的条件内，去解决问题而不是带来新问题的人。客户把难题外包了，期待有人在框架内提出合理的解决方案。有人说，我这个创意很好，只需要铺天盖地推广，让每一个人都看到，大家一定会赞叹或感动。也许此时客户的问题就是没有钱。还有人认为自己的创意已经足够优秀，只是没有被合适的客户来采纳——这依然只是空谈，没有解决任何人的任何问题。

现状是，所谓的创意并不存在于理论分析和评论家的口中。它是一个桥梁，一端是现实得不能再现实的现实，一端是勉强到达的理想。当我们感觉“广告很难做”“想不出创意”的时候，不要惊慌，也不必紧张，因为那就是事实。赏金猎人要猎取的不是一般的对象。而客户想要的答案，你也不一定能够给予。大体上有三种情况曾经发生过：预算太少，做不出来——你愿意为客户超额付出吗？能力不够，做不出来——这段关系应该何去何从？方向不好，无法抵达——你可以走一条你不轻车熟路的路吗？创意的核心功能是在有限的条件内解决问题。在这无解的情形之外，找到一个平衡点，突破那些字面意义上的限制，找到真正的问题和灵活的解答，并且一边满足客户的预算条件，一边实现自己的创意。

广告当然可以是一种无脑的重复，在每一部电梯的多媒体屏幕上亮起，不停地重复一些奇怪的句子。别忘了看看它背后可怕的预算数字。广告也可以是在适当的时候做适当的事，让客户感觉到你正在为他们解决问题，比如说拍下故宫的第一场雪，或者改善服务的流程，让决策变得更快，让服务业中的服务质量得到提升。

创意是创造性地解决问题的方式，有时候是一种创造性的表达，但是它不总是包含着自我表达的部分。这些“提升创意服务质量”之类的铺垫，也许并不是每一个企图做出优秀作品的创意工作者想象中的目的地。作为个体，你的机会又在哪里呢？当你认清了广告创意本质上是服务他人，而不是自我表现，你为什么不去做一个不断输出内容的 Up 主（指视频网站、论坛、ftp 站点上传视频、音频的人），而要熬夜加班，想出一句聪明的话，或者做一张有“促销感”的海报呢？

我喜欢做广告，喜欢创意的原因之一，就是当你在解决别人的问题的时候，投入精力学习和研究，去实践与完成，你能不断切换，获取更多的人生体验，然后再把这种体验，继续输出到下一个项目中去。其中好的部分，就是一个品牌通常比个体更具有能量。当你扮演好一个发言人的角色之后，你的观点被品牌注入了更多能量。而你在这个时候却不应该忘记那些真实的人，应该尊重消费者，把那些用户当人看，而不是把他们视为传播中的数字和 KPI（关键绩效指标）。创意之所以能够打动人，前提条件是你深刻地理解了人。你看到了他们想要的，并且真实地提供了，它便能够在一群人之间形成一种共鸣。而这种共鸣也许就是客户想要的传播和流量。如果它是具有性价比的，便成了好的创意。

2018 年，当时我与可口可乐（中国）合作。有一天我在逛知乎的时候看见有网友发表关于不同性取向的帖子，他不明白为什么自己的表达渠道不通畅，为什么人们害怕他们的存在。这是一个值得探讨的社会现象，应该能引起大家的讨论。最开始我写下了一句话——“不要害怕彩虹”。彩虹是一种美好的事物，其实人类也是因为有着不同的想法，才产生了智慧。而另一种本能让人们会害怕陌生的事物、和自己不一样的事物，这就是一种矛盾。其实这个矛盾由来已久，是安分守己的社会群体和少数人之间的长久矛盾。比如王尔德、屈原、凡·高等等，这些古今中外的名人在不同时代有着同样的困扰，而他们依然散发着自己的光芒，因此他们成了文化符号。我们又延展出了一系列“不害怕”——王尔德不害怕长不大，凡·高不害怕印象派，屈原不害怕写别人看不懂的诗，等等。文案陈述了一些历史，完成后我们开始和客户讨论：该不该发，该不该在这个时间节点表态？客户最终同意了。“人人生而不同，不要害怕彩虹”这一句话一发出，我们看见成千上万的人在评论区里表态。说自己如何爱这个品牌、马上要买可口可乐，说这就是他们只买可口可乐的原因，等等。这时候你会感觉到观点的力量。并不是因为你的观点和技术打动了人们，而是这些观点一直存在，你为这些观点注入了新的力量，引发了新的讨论。

我仔仔细细地看了几万条留言，发现其中许多人讨论的一个点，是创意时根本没有考虑过的一个细节，而这个细节对那些人来说非常重要，是值得在网络上查资料、争论不休的。这又引发了新的声音。正是因为这些讨论，引发了一些意见领袖撰写文章分析和赞叹可口可乐，为内容鼓掌，也批评了我们一些不严谨的地方。这件事情让我有很多感触——创意的内容是用户关心的，并不是“讨厌的广告”。当品牌发声时，它正在成为它自己所代表的文化符号，让人们围绕着它的话题进行交流。

一年后，我又收到客户的邀约，和他们一起完成了“5·17”的创意。这也是广告行业里有意思的一个地方：很多客户的需求是相同的，条件也是相同的，项目周期性地重现。而你可以用不同的解题思路来解决又一次出现的问题。比如电商大促，每一场大促一切内外资源不变，却没有一次会以相同的方式进行。而创意人就要发现这一点，不断优化自己的思路。第二年做“5·17”的时候，我想不能再在这里面放入太多个人的喜好了，也不想要再说错一些话，而是希望能够体现一种纯粹。我们的创意是这样的：我们联系了一家“妈妈家”便利店，用便利店里的冰柜，把可口可乐全系列产品摆出了一整个彩虹色系的冰柜架，然后拍摄了一张照片。文案还是那句“不要害怕彩虹”。一年前的微博转发量是一万多，第二年剔除一切杂质后，把这个创意单纯简单地执行，结果产生了八万多的转发量。

那一天，网上有两个美国品牌都在传播这件事，其中之一是迪士尼，它也说出了与可口可乐前一年说出的几乎相同的话，我们看到观念正在传播，在复制。我们看到更多人受到影响，我们看到有些人把彩虹色涂在自己的指甲上，拍了照片发出来，把这张海报当成自己的手机屏保。我们看到一个单纯的想法，在世界上激发出了一点小声量。

广告有用吗？很多人在质疑。对我来说，作为一个消费者，在广告展示了商品的基本功能后，我还是会购买商品，因为我想让那些代表我的想法的品牌继续发出我希望发出的声音。

这是创意人的私心：创意不仅在解决品牌的问题，也在解决自己的问题。

怎么提高创意的能力？

虽然正确答案有可能藏在几十页的策略分析里，但是有时候我们想不出来解决方式，不是因为我们不懂策略方向，而是条件的限制：时间、钱、资源、受众注意力等等。在这些条件的限制下，我们希望能够找到可以马上付诸实践和得到反馈的方法，并且通过我们的投入得到回报。而通往这个目标的方法，是超越常规，能够创造最大限度地吸引人们注意力的内容或者观点。这就是我们为什么叫它“创意”。

创意时时刻刻都会在生活中发生，我们要采纳它们，首先需要识别哪些创意是有效的。创意人需要有观察和思考的能力。举个简单的例子，当你看到任何一条广告的时候，倒推回去看看它花了多少钱，为什么做这件事，为什么通过了这个创意方案，怎么执行的，阅读和理解别人的解答方法，并且判断是否有更好的解答方法，而不是随随便便给出一个答案，这就是创意人的基本素质。现代人每天都要被动地看到上百条广告，于是你也就有了上百次思考和梳理思路的机会。看到别人的限制条件，看到这些条件是如何得到满足的。如果每次都能观察到其他人好的解决方案，或者举一反三地打开解决同样问题的新思路，你的创意能力也就提升了。

面临压力时，你会想不出好的创意。越是把注意力集中在解决问题上，就越会让问题难以得到解决。因为在传播中，你费心思所做的一切，只是受众不太关注的信息。虽然你在嘈杂的传播环境中一本正经，但是人们动动手指就把你所做的一切努力在信息流中划掉。你在压力下传达出的核心信息，甚至引起了目标消费者的心理排斥——为什么要给我看这个？为什么要这样强迫我、教育我？在陷入问题之前，跳出来，去生活中找到有意思的事情，看看这些东西能不能作为素材，为你所用。有趣的事物总是能吸引大家的注意力。有趣是创意的工具，帮助人们放下戒心，帮助品牌和受众建立更好的沟通关系。

我的创意大多来源于我逛淘宝和闲鱼的时候。打开购物网站，你看到各种奇怪的东西，这意味着你能买到它们，意味着它能够被用于创意的一部分。比如说一部复古的电话，被我们改装成了一个能与科学家通话的装置。只要输入正确的号码，就可以“给科学家打电话”，听到科学家录制的语音。比如我在逛化工店的时候发现有一种涂料是可以通过感应温度变色的。如果有一个汽车品牌愿意用这种涂料喷涂一辆车，这辆车一发动就生出了火焰的纹理，一涉水又有了龙的鳞片，是不是也能让大家感到惊奇？不要把创意拘泥在一张海报，或者一份文案上，创意可以是任何东西。你看到的网红、艺术家、设计师都在用自己的方式，来获取更多的注意力。作为一个创意人更应博采众长，把它们变成自己的创意。千万不要花太多时间在浏览行业网站上，而是应该多逛街，多亲近商业，多亲近大自然，多和家人一起散步，看到那些能吸引你的注意力的东西，即时捕捉到它们，让它们成为你的创意。

其次，你需要具备识别优秀的文字、观点、表达的能力。优秀的广告文案，就是能调动情绪和引起共鸣的文字，它一直都在。它绝对不是那些空洞的词语、堆砌的形容词或者顺口溜，而是真实的表达，真情实感的诠释。当你阅读的时候，可以多留心那些普通人说过的特别的话，再把它们记录下来。在时机到来的时候，这些词句就会变成你整体创意的一部分。

第三，也是最重要的，就是创意实践。工作时客户需要你拿出创意方案，在日常生活中你可以试着投入一些小小的实践，让自己的生活也变得更有创意。创意不能光靠想，是要去做的。也许你可以在朋友圈写下你觉得很有意思的一句话，看看是不是有人为你点赞留言，那是在测试文字的情绪共鸣力。有了想法，便去做出来。即使有时候要花一点小钱，也是必要的。

有一个摄影师朋友的做皮鞋生意的客户，因为仓库要拆迁了，剩下了很多卖不出去的皮鞋需要处理。那些单只的、有轻微磨损的、进水的皮鞋怎么处理呢？朋友说不如我们用这些皮鞋来再创作，办一个皮鞋重生的展。预算只有5000元和十几双鞋，她找到了我和其他十几个朋友，希望我们每个人免费为她设计至少一双鞋。我买了十盒图钉，两盆大麦苗，用刷剧的时间把一双鞋钉满图钉，又在鞋里种了一些大麦，然后拍了照片，配上文字“走的路多了，不免踩到钉子”。朋友圈里很多人点赞，豆瓣小号上突然也有了上千个赞。大家都有所感触：也许是因为遇到不顺利的事了，也许是引发了密集恐惧症，也许是觉得我闲得发慌，总之大家的注意力，被一个简单的手工吸引了。展览的那一天，有人为鞋子跳舞，有人在鞋子上画画，几千元钱，换来一个这么多人参加的展览，客户高兴坏了，没想到自己的库存商品，变成了这么多种形式的“艺术品”，太有趣了。因为你的组织能力，或是动手能力，让那些垃圾变成宝贝，让每个人很开心地参与进来，转发传播，这也是创意。

创意笔记本可以记什么？

用手机的备忘录，新建一个分类，把那些一闪而过，想要做却没有做的创意记录下来。这样一来，当有机会的时候，这些事情就有可能实现。日常生活中蕴含着许多营养，观察生活中那些闪烁的瞬间，它们是创意的起源。

小孩子随口一句：“如果用吊车来钓鱼就太好了。”这可以变成你的一个创意。发廊的转灯会旋转，当你写一句首尾相接的文案时，你或许可以把它印在一盏发廊旋转灯上。聊天的时候发“笑哭”的表情符号的人，通常都是一脸冷漠吗？被门夹过的核桃，到底还能不能补脑？评论区里的嘈杂观点，是不是和屋外的知了有些相似？是否可以用彩色铅笔做一把扫帚？

当超出常理的事情出现，你可以把它捕捉、记录下来。当有争议的讨论出现，你观察到了，就有可能成为你创意的话题。当一种行为得到了反馈，获得了小小成功，你就可以考虑把它系列化，重复它，探索它成功路径中的微妙差别，反复寻找新的突破方式。

那些一鸣惊人的话，也值得你记录下来。有时候你想要阐述一些具体的内容，而别人不感兴趣，也许是因为你缺少一个有力的标题。《95 后的遗嘱》，假设这是我们的标题，正文中不管写什么，别人都会愿意多看两眼。

设计师、美术指导搜集大量资料时要谨慎，当你随便找到一个图片素材，通常忽略了它在整体中所起的作用。它很好看，你很喜欢，但是它成功了吗？它有用吗？也许它只是国外的一个学生的毕业设计，也许它也是在模仿某种风格，而缺乏自我表达。你可以从他人的作品中看到他人的选择，但是了解它们并不能增加你的创意，只能增加你抄袭的风险。想好了自己要做什么的时候再去找资料，只从别人那里参考执行的细节和可能性。

相反，你要注意那些活跃在你身边的创作者。记住他们的名字，以及他们的作品。当你把创意当成工作或者生意的时候，就应该意识到你不可能包办一切。为什么不能和他们合作呢？有才华的创作者和你一起，会激发更精彩的创意火花。

不管你身处哪个行业，当你陷入瓶颈期，创意可以改变你的生活节奏。把创意当成工作的同时，我也用一些小创意改变了我的生活。

2012 年，我利用闲暇拍摄了一些宇航员玩具，把它们合成到日常的场景中去，用这种方式记录我当时的生活状态。

2014 年的愚人节，我在想如果我开一家店，在这家店里尽量少地投入设计，甚至不给商品写正经的商品说明，它可以运营下去吗？于是我试着给商品写了一些小故事，然后简单地说明卖的是什么，让顾客自己去找商品和故事中的联系。在这几年中，这家小店至少提供了一些我买书的零用钱，还让我结识了很多有趣的顾客朋友。其中有一个年轻人，是在东京学习的米其林厨师。我又和他开启了新的创意项目——我写新的故事，他把它变成一道菜。

2016 年我与华为合作，工作挤占了生活的时间，加班比较多。每天回家都是深夜了。我不想把所有的生活时间交给客户，所以选择了忙里偷闲，用更大的项目来让自己放松。那时候每天我打车回家，和出租车司机聊天。我发现这些故事很有意思，就征求了司机的意见给他们拍肖像照片，记录他们的人生故事。他们每一个人有不同的人生选择，我整理关于他们的文字、图片，梳理思路，服务客户终于不是生活的唯一重心了，心情也平静了很多，于是我又鼓起了勇气继续努力。后来当我在给滴滴旗下的某个品牌做提案的时候，这本关于司机的故事集，也成了我提案的创意。

到现在，我还是会偶尔拿出一些零用钱，去完成自己一时兴起想要完成的创意。把创意的门槛降低，不期待拍案叫绝的灵感到来，而是随时让创意成为简单的事。其实每个人都可以经常问问自己，我现在做的事情是我喜欢做的吗？是我擅长做的吗？是对任何人都有好处吗？是对世界有好处吗？这是我的简单标准。不管是不是创意行业的从业人员，大家都可以用创意作为解决问题的方法。用解决问题的思路去过自己的一生。

作为一个创意人，你所能实现的最好的创意，就是把生活作为自己最重要的创意去经营。

作者简介

车路

知乎广告话题优秀答主。拥有十年以上广告经验，曾就职于电通与 HAVAS 等 4A 公司，现任环时互动创意群总监。广告传播行业学习者，曾服务华为、京东、可口可乐（中国）、vivo、领英（Linkedin）、蒙牛、特仑苏、泡泡玛特等客户。经历传统广告时代，在社会化传播与品牌建设方面继续向前。坚持文字创作与摄影记录，努力把生活变得更有创意。

在职场中真的是“先敬罗衣后敬人”吗？

冷　芸

一个坚持运动、穿着得体的人，职场运气一定不会差。

无论是在生活还是职场中，事实上我们都会“以貌取人”。大家初次见面时，在彼此说话前，我们多少都会透过对方的仪表、着装、肢体语言来判断对方可能是个什么样的人。这种判断可能是有意的，也可能是无意的。心理学家的研究表明，我们通常在7秒内就可以形成对一个人的“第一印象”。

因此，着装也就成为一个我们无法忽略的、影响人们对我们的第一印象的重要道具。就像俗话说的，先敬罗衣后敬人。为了用好这个道具，我们来看看服装的组成要素有哪些，这些要素又是如何影响了我们给他人留下的印象。

其实衣服上的每一个部分（要素），都带有“感情色彩”。通常就衣着的视觉效果而言，因为大多数人并不会穿得很夸张，所以我们首先注意到的是衣服的“色彩”。而色彩，也是有“感情”的。

我们来看下面的 PCCS（Practical Color Coordinate System）色相环（见图 3-1）。这是服装行业从业者最常用的源于日本的 24 色色相环。

“色相”即为“色彩相貌”的意思。你有没有从中感受到色彩

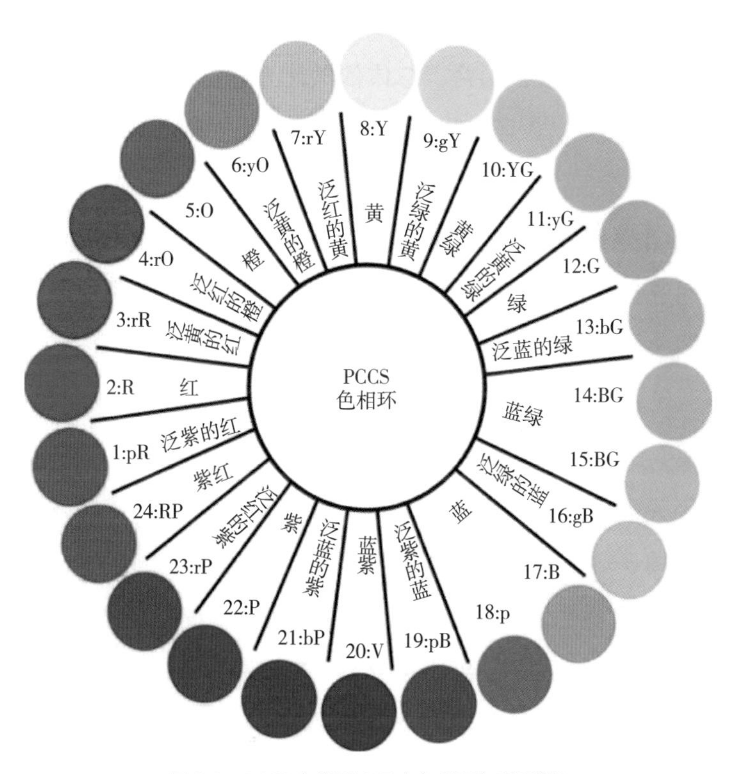

图 3-1　PCCS 色相环（日本色彩研究所研制）

的“情感”呢？比如，红色有没有让你感受到太阳般的温暖？这就是我们通常说的暖色。以及蓝色部分，有没有让你想到天空与夜晚？这部分就是冷色调。介于它们两者之间的（比如绿色、紫色），则是中性色。

根据上面的色相环，大家可以看到，色相跟色相距离接近的色彩组合给人的感受，和色相跟色相距离较远的色彩组合给人的感受是不一样的。从色彩搭配学来说，色相之间的位置越接近，这两个色相组合在一起给人的感觉越和谐。色相之间的位置越遥远，它们组合在一起给人的冲突感就越强。比如图 3–1 的 4 号泛红的橙色与 5 号橙色组合，总体依然让人感觉很和谐。但是将 4 号泛红的橙色与 20 号蓝紫色放一起，给人的感觉就差异比较大，容易形成冲突感。

PCCS 系统最大的贡献是它的 PCCS 色调图（见图 3–2）。这个色调图融合了色彩的三要素：色相（图 3–2 中的每个色相环）、明度（图 3–2 中的纵向，代表色彩的深浅度）与纯度（图 3–2 中的横向，代表色彩的饱和度）。

现实生活中，大多数人不太会用色彩表达自己。比如，很多职场年轻人喜欢穿深色调（特别是黑色 / 蓝色西服 + 白色衬衫）。比如，图 3–2 中的“Dkg 暗灰色调”、“Dk 暗色调”或者“Dp 灰色调”。这几类色调几乎看不清楚原来的色彩相貌。这些色彩虽然看似很稳重，但同时也会让人觉得你毫无亮点。想象一下，一个面试官看了十几个或者几十个穿着深色西服加白色衬衫的人，最后会不会就审美疲劳了呢？

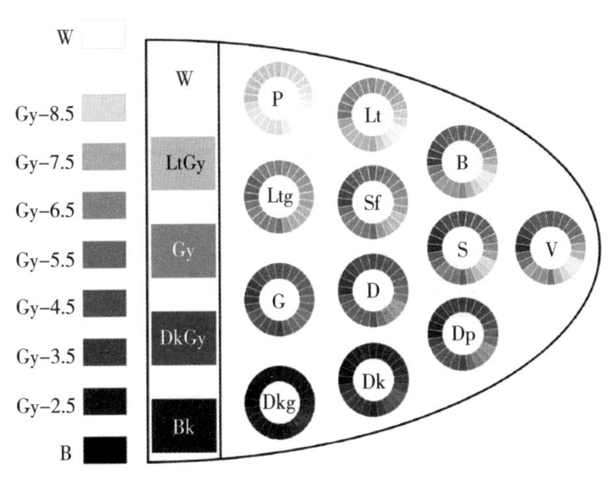

图 3-2 PCCS 色调图

首先，在整体廓形与搭配上不能做更多选择时，大家不妨在色彩上花点儿小心思。比如，如果深色调让你感觉更安全，那就不妨穿深色调的外套。但是男生穿在西服里的衬衫及领带，女生的配饰，比如胸针、丝巾、耳环、首饰、眼镜、发色、妆容都可以用色彩甚至比较强烈的色彩来点缀。一件衣服的袖口、领口、口袋边儿也可以多用色彩点缀。对于不太喜欢用大面积色彩的人而言，可以在小面积色彩上花点儿心思，在局部形成小小的色彩冲突感，会让人眼前一亮，但又不失整体的稳重感。

其次是衣服的廓形。廓形就是指衣服的外轮廓造型，服装的廓形主要有以下几种。

第一种是 H 廓形（见图 3-3）。H 廓形就是我们常说的“直筒型”，侧腰基本是直线型。H 廓形给人的感觉比较稳重，也不太挑人，可被视为“万能廓形”。

图 3-3　H 廓形（插画：梓桐）

第二种廓形则是 A 廓形（见图 3-4）。A 廓形是上窄下宽的形状，女生非常喜欢。不过，长度在大腿附近的 A 字裙并不适合职场。一是暴露身体过多，二是这种长度的 A 字裙会显得很可爱，

图 3-4　A 廓形（插画：梓桐）

但可爱并不适合职场。

第三种是X廓形（见图3-5），也是女生非常喜欢的一种廓形。两头宽，中间收腰，很能体现女生的细腰。X廓形给人的感觉属于性感中加一点儿小可爱。X廓形在礼服中比较常见。但这种廓形更适合宴会，而非日常职场。

图3-5　X廓形（插画：梓桐）

第四种是O廓形（见图3-6），则更多地适用于偏休闲的风格。O廓形，整体外形好像O字。这种廓形也被称为“茧形”或者“椭圆形”。现在的一些大衣与毛衣是这种廓形，这种廓形的肩膀通常比较圆滑，下摆稍微再收缩些。

第五种是T廓形（见图3-7），则更适合女性高管或者政界女性。T廓形属于上宽下窄的廓形。现在比较流行的阔肩西服，就属于这种形状。

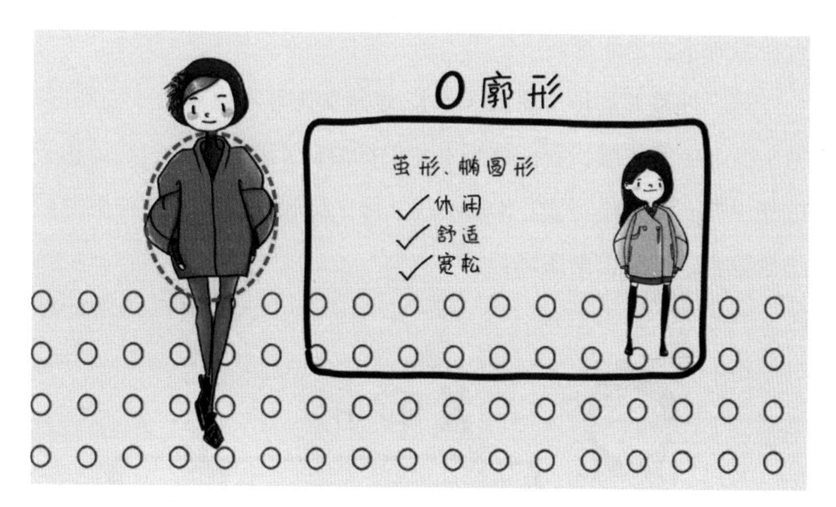

图 3-6　O 廓形（插画：梓桐）

图 3-7　T 廓形（插画：梓桐）

在现实生活中，廓形还要与版型及长度结合起来看。

版型主要指服装与人体之间的空间感。版型可分为紧身、合体、半宽松 / 合体、宽松与超宽松。通常来说，职场上既不适合过于紧身（虽然很显身材，但也显得过于暴露），也不适合过于宽松（那会显得比较拖沓）。不过，这些都要看具体公司的类型。艺术创意类型的公司、潮牌公司或者其他比较讲究创意、设计的文化与艺术行业的公司，可能会鼓励员工穿得更个性。

长度方面，在职场上，整体衣长一般不要短过膝盖以上 8 厘米（差不多一张名片的宽度），这样才会给人一种稳重感。很多应届毕业的小女生特别喜欢穿超短裙。超短裙充满青春活力，在日常生活中穿没问题，但是在职场上会显得可爱有余，稳重不足。

再次就是衣服面料。很多人会认为不皱的面料就是好面料。其实大部分昂贵的面料都会皱，比如羊毛、真丝、棉布。天然不皱的面料只有化纤面料。相对而言，化纤面料更便宜（但不是绝对的）。现在从技术上来说，通过化学手段也可以让天然面料抗皱。因此，面料皱，并不一定代表面料不好。不皱，也不代表面料一定好。

面料的好坏直接影响品质观感。但刚踏入职场并没有太多预算购买衣服的年轻人怎么办呢？其实本质上这是消费观的问题，而不是钱多钱少的问题。假如你一年有 2000 元预算买衣服，你是打算买 40 件 50 元的衣服，还是 10 件 200 元的衣服？换句话说，你更看重价格还是品质？这个没有对错，但是你自己需要做出选择。正如我给出的算法，这样的选择并没有增加你额外的预算。

还有服装的线条跟比例。

大部分人其实并非设计师，也许并不会注意到线条跟比例如何影响了人的视觉感。但即使你并非专业出身，当线条比例失真时，你同样会感觉到奇怪。这种奇怪，非专业人士也许说不出为什么，但就是让人觉得奇怪。

我们来看图 3–8 的两款西服。大家觉得哪一款西服更高档呢？看上去，似乎右边的图片显得更瘦。但事实上，右边那件西服大约 500 元，网店有很多类似的款式。左边这件 20 000 元以上，是高端品牌的产品廓形与比例。我们来看看它们在线条比例上的差异，以及右边的图片是如何靠修图修出了“显瘦”感。事实上，人体根本不会有这样的比例。这也是为什么很多时候衣服买回来上身后，会发现版型效果与图片相差很大。

请大家看图 3–8。大家可以看出衣服长跟宽的比例吗？左图长与宽的比例从视觉看差不多是 1.5 ∶ 1 的感觉。而右边的长与宽则几乎接近 2 倍的差距。右图这种过长的长度，其实反而让人觉得上身长、下身短。如果右边衣长再短些，比例上其实会更好看。

接着我们再看图 3–8 的翻领对比。虽然右边的西服看上去比左边小（瘦）一圈，但它的翻领宽度几乎与左边的差不多。这个翻领的宽度与肩宽的比例就显得有些夸张。左边的比例明显更协调。

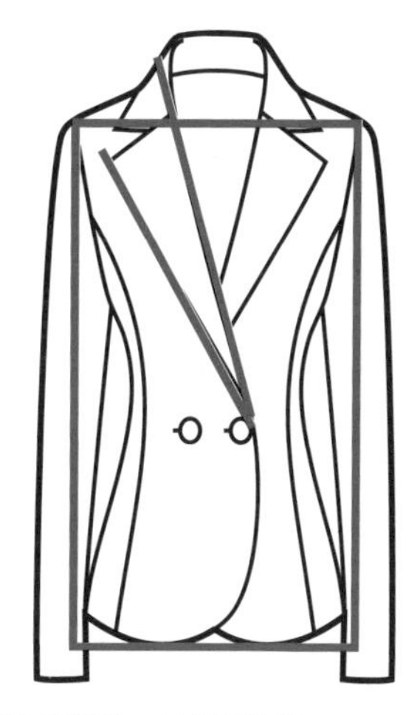

图 3-8　女装西服对比：衣服的长宽比，及领宽比例

再比如图 3-9 的腰线。虽然看上去右边的图片显瘦，但是，这个腰线专业人士一看就是修图修出来的。很少有女性的腰线这么长，且弧度那么弯。而左图的腰线，则更真实且合理得多。

图 3-9　女装西服对比：腰线线条

然后便是服装的细节。比如说前面提到的职场着装不宜过多暴露。露肩衫、超短裙 / 短裤、透视装、低 V 领、拖鞋都不适合大多数职场。

最后便是你在某个特定的场合所扮演的角色及你的着装对你所处场景的适应性。衣服穿着本身无所谓对错，它只有“适合”与否。是否适合你这个人（肤色、体形、性格、身份、年龄等）、适合你在职场中的角色（助理、普通员工、主管、领导等）以及你所处的具体环境（日常办公、普通商务会议、重要商务会议、商务宴会等）。

综合上面的因素，我们总结一下初入职场的男生女生适合的着装。

适合色调：PCCS 色调图中的 P 淡色调、Ltg 浅灰色调、Lt 浅色调其实非常适合年轻人，即使作为外套色彩来选择也很好。这类色调给人的感觉是恬静、平和，不会喧宾夺主，但同时又能显出年轻人的朝气。

另外，如前所述，如果整体色彩比较沉闷，则可以让小面积的点缀色使用些高饱和度的色彩（明亮色调、强烈色调、深色调等）。

避免款式：超短裙 / 短裤、透视装、娃娃领、背带裤、荷叶边、拖鞋、紧身服等。

其实上述规则也适合主管级的职场人士。总之，整体体现简洁干练，在细节方面显示自己的一些小心思即可。

建议所有的男生女生都能够通过运动及健康的生活方式保持

良好的体形。这既是为了自己的健康，也是为了穿衣服更好看。特别是男生。现在一些正规场合基本都需要男性穿西装出席，但如果你没有发达的胸肌，你穿的西服其实很难让你有挺拔之感。虽然从制作工艺来看，西服可以通过加厚胸衬来显得胸肌比较厚实，但总体上它依然无法替代原本的胸肌。穿着，除了是“打扮”自己之外，其实也是为了告诉别人自己属于什么类型。一个坚持运动、穿着得体的人，职场运气一定不会差。

祝福大家都能找到真正适合自己的职场穿着风格！

作者简介

冷芸

博士，时尚评论人，专栏作家，商业顾问；2020 领英行家、职场导师；上海时装周特邀评论员，深圳时装周时尚大奖评委。十五年鞋服行业工作经验，服务的公司包括百丽与利丰集团。合作媒体包括《周末画报》、《BoF时装商业评论》、三联中读、《卷宗》、*T Magazine*、《出色 · WSJ》（华尔街日报版权合作）等。

我们是否要担忧被人工智能取代？

贾子枫

不想被时代淘汰，最好的办法就是创造一个时代。所以保持竞争力最简单的办法就是参与到创造智能时代的变革之中。

近几年来，人工智能和机器人行业高速发展，取得了很多令人欣喜的成果。但是，这也引发了很多人的担忧，怕机器人抢走了自己的工作。更有知名人士发出警示，小心人工智能发展太快从而取代人类！我想从多个方面来讨论这个颇具争议的话题，希望能够引发大家的思考。

纵观历史，每一次工业革命都创造了更多的工作岗位；每一次工业革命，都是一次深入的社会变革；每一次工业革命，总是伴随着大众对新技术的嗤之以鼻，杞人忧天，最终习以为常。我在这里引用来自美国自然历史博物馆制作的视频《历史中的人口变化》中的数据：18世纪60年代第一次工业革命开始时，全球大约有8亿人口；到21世纪的今天，全球人口已经接近80亿。世界人口伴随工业革命一直增长，即便在两次世界大战期间也没有回落。当然，其中要考虑到人类主要栖息地从欧亚大陆扩张到了全球。单纯从历史的经验推断，我们能够得出结论：与前三次工业革命相比，在第四次以智能化为代表的工业革命进程中，很多传统工作岗位会逐渐消亡，更多的新兴工作岗位会不断涌现，世界人口也会继续增长。

可是很多人提出了疑问，谁能保证这次智能工业革命与前几次类似呢？智能的机器触及了人类这一万物之灵的根本啊！在2017年，人工智能顶级专家，时任百度深度研究院院长的华裔科学家吴恩达，带着团队研发的小度机器人，在通过监控辨识罪犯的任务中击败“人类最强大脑”水哥王昱珩。谷歌旗下的深度思考（DeepMind）团队开发的AlphaGo在击败李世石后，又打败了桀骜不驯的柯洁。世界顶级机器人公司波士顿动力研发的人形机器人终于实现了普通人无法完成的跑酷和后空翻。加上媒体的大肆渲染，很多人都不得不开始担忧自己的工作会被取代，饭碗不保。

实际的情况似乎没有这么糟糕，柯洁虽然输给了AlphaGo，却依然活跃在棋坛；监控辨识罪犯明显提高了破案率，但并没有砸了谁的饭碗，只是看《唐人街探案》的时候不会觉得刘昊然那么神奇了；波士顿动力的机器人跳舞有超多人点赞，其风采依然不及西安大雁塔广场上的大唐不倒翁。智能产业的发展超越并没有消除相应领域的岗位，反而还会带动或者衍生出一些新兴的职业。

当然，举了几个机器智能战胜人类却并未取代行业翘楚的例子，不能说明智能时代对工作岗位没有影响，只能算是幸存者偏差。我们更应该关注工厂的流水线工人、餐厅的服务员、外卖骑手和快递员，并且问一问他们的工作是否受到工业机械臂、送餐机器人和低速无人车的威胁。

我想这要从人工智能与机器人行业研究和产业发展两个方向来讨论。

首先需要了解人工智能与机器人行业到底在研究什么问题。每次我和别人介绍说我是机器人研发者，被问到最多的问题就是，什么时候能有帮忙做家务的机器人啊，不管多贵都买。我想大家可能高估了机器人的水平，或者低估了机器人的售价。

2010 年加州伯克利分校彼得·阿比尔教授团队利用柳树车库公司的 PR2 开发的叠毛巾机器人，耗时 100 分钟共叠了 5 条毛巾，当时震惊了机器人学界，因为那之前还没有人能够用机器人处理未知柔性物体。可是当大众得知这个机器人售价 30 万美元的时候，批评和嘲讽就炸开了锅，人们无法想象机器人如此烧钱。

同样被大众嘲笑的还有 2015 年在内华达州举办的机器人挑战赛，国内曾称之为机器人奥运会。举办这个比赛的起因是 2011 年日本地震引发海啸，导致福岛核电站核泄漏，而全世界没有任何一个机器人能够代替人类进入灾难现场打开冷却阀门。这个比赛聚集了全世界最先进的人形机器人，模拟灾难情境下完成开车、开阀门、破墙、过废墟等任务。但是被人们记住的只有这些价值百万美元的钢铁之躯开门摔倒，下车摔倒，拧阀门摔倒，走路摔倒，甚至静静地站着的时候也会摔倒……

为什么科学家们要投入这么多精力和财力去研发这些机器人呢？这就牵扯到人类最初对于机器人的幻想，希望利用机器人来完成“3D”的工作，也就是肮脏（dirty）、枯燥（dull）和危险（dangerous）的工作，简单来说，就是希望机器人能够做人们不愿意做的事情。富士康早些年提出了机器换人，因为年轻人不愿意在流水线上做无聊的加工组装；为了减少在类似福岛核电站核泄漏、天津化工厂爆炸等灾难中的伤亡，核工业和消防部门才会不惜代价采购移动机器人；碧桂园旗下的博智林机器人公司斥巨资研发建筑机器人，是因为建筑工地充斥着粉尘、噪声，环境十分艰苦。企业招不到人，才会极力寻求机器代替人工。所以机器人产业会首先瞄准有人力缺口的工作岗位，这并不是机器“替代”原来的岗位上的劳动者，而是补缺。

因此，人工智能与机器人发展并不会导致失业率大幅上升。在机器替换人工的过程中，可以推动生产力的发展，使我们的物质生活更加丰富，人们的基本生活更容易得到满足；同时马斯洛需求层次可以得到提升，在享受物质生活的同时也可以追求健康丰富的精神文化生活，不必在月亮和六便士之间徘徊。

但即便人工智能会促使生产力取得极大进步，我们还是会担心生产关系中分配的问题。每个人肯定都希望消失的岗位与自己无关，自己至少要有一份稳定的工作，轻松、多金更佳。在智能时代，我们要如何提升自己，才能保证竞争力呢？

人们常说，不想被时代淘汰，最好的办法就是创造一个时代。所以保持竞争力最简单的办法就是参与到创造智能时代的变革之中。这样的回答相信并不能使人满意。知乎人力资源话题大咖 Sean Ye 写过一篇《人机共生》的读后感《人工智能，会抢走我的工作吗？》，短小而精练，给出了五种保持竞争力的方式，分别是：超越，建立全局观，弥补人工智能的短板；避让，机器做它能做的事，人做人能做的事；参与，与人工智能共事，给人工智能打工；专精，找到没人想自动化的领域；开创，做人工智能的爸爸。

我自己对智能时代也有一个大胆的论断：在未来，人主要做与人打交道的工作，而机器人主要做与物品打交道的工作。第一产业、第二产业以机器作为主要劳动力，第三产业在经济中占据绝对主导地位。不游手好闲便能衣食无忧且精神富足。达到高度发达的社会生产力，基本实现按劳分配即够所需，政策和金融能够利用数据有序运行，社会经济形态以劳动者自由有序联合为主。

所以，一些大众岗位是很难被替代的，如老师、护士、销售、服务员、中介、律师等。其中，老师的地位尤为稳固，因为需要因材施教，即便是知识量远不及电脑也没有关系。其他职业也类似，千人千面，未来很长的时间里机器不会比人做得更好。但是现在一些白领岗位的需求量会大幅下降，翻译和会计可能首当其冲。大家可以自己思考一下，下列职业和岗位如何能够保持竞争优势：出租车司机、厨师、小提琴演奏家、工程师、健身教练、记者。不知道你从事什么职业？还会为将来担忧吗？

有一部奥斯卡获奖动画短片《雇佣人生》，戏谑地讽刺了人与人之间淡漠的雇佣关系。主人公一起床，就有很多人为他捧镜子，递毛巾，提供奇怪的服务，而他的工作最终只是成为另一个人的脚垫。让我们换一个清奇的思路，这说明未来生产力发展到极高水准，每个人只需要从事简单的服务业，便可以生活无忧。就像直播唱歌、跳舞、玩游戏、讲故事，这都是我们 10 年前无法想象的谋生手段。我们希望人活着不只是为了生存，还为了自我实现和自我超越。

虽然短期内，我们还不必担忧人工智能会替代人类，但是很多知名人士都发出了警告，提醒人们要警惕人工智能可能会给人类带来灾难性的后果。大家害怕电影里的“终结者”成为现实，滥杀无辜而我们却无能为力。大家不禁要从灵魂深处问一句：人工智能或者机器人可以超越人类吗？

1997 年深蓝战胜国际象棋世界冠军卡斯帕罗夫，这是有史以来第一次有其他“智能物种”在智力角力中战胜人类。当时就引发了一轮关于机器智能的深入思考，这也是我少年时期对人工智能和机器人萌发兴趣的起因。

而 2016 年深度思考研发的深度网络 AlphaGo 在围棋项目上战胜李世石，就更加激起了警惕人工智能的声音。“小心，人类会被人工智能取代！”史蒂芬·霍金，比尔·盖茨，“钢铁侠”埃隆·马斯克都表达了自己的忧虑。因为这几位名人都是拥有众多粉丝的科学或科技界的大佬，所以他们的观点也影响了很多人。然而，霍金是理论物理学家，比尔·盖茨是程序员，马斯克是造汽车和火箭的工程师，他们并不是人工智能专家。这种朴素的担忧是值得思考的，但是并不是权威的判断。

这一波深度学习浪潮的真正引领者，2018 年图灵奖获得者约舒亚·本希奥、杰弗里·欣顿和扬·莱坎（中文名杨立昆），在纪录片《崛起的人工智能》中表达了对未来人工智能让我们的世界变得更美好的期盼。约舒亚·本希奥驳斥了霍金和马斯克警惕人工智能的观点："如果我们真的创造出了超越人类智能的机器，那么机器也应该能够理解人类的价值观，具有人类的道德体系，做对人类有益的事情，类似《终结者》中的情景是不可能发生的。真正需要担心的是居心不正的人滥用人工智能，影响人们的思想和行为。"总而言之，人工智能会带给我们最好的时代。

凯文·凯利在他的《失控》一书中，就告诫人们应该把机器人当作自己的孩子，给他们灌输正确的价值观，培养机器人成为好公民。看来这个观点到现在也不过时。

我们喜欢假设全方位超越人类的机器人拥有高等智能但冷酷无情，不懂得什么是爱，这是一个悖论，大概是受到了科幻作品的影响。比如《机械姬》中无情而缜密的艾娃，《西部世界》里觉醒后越来越暴力的多洛莉丝。她们迷人的外表和冷漠的内心制造了强烈的戏剧冲突。不过我最喜欢的未来的机器人设定是《爱，死亡，机器人》中的齐玛蓝，从一个泳池清洁机器人不断升级、不断探索，最终在不清楚自己是人还是机器的情况下，将自己在泳池中解体为最初形态的清洁机器人。

所以，即便机器人真的会全面超越人类，未来的世界也不应该是《黑客帝国》或者《终结者》描述的终极大战那样惨烈，更可能走向人机共生、和谐相处的局面。更像是《阿丽塔：战斗天使》所描述的景象，人类、机器人、电子生物人（Cyborg）共存，为人类所接受的智能生物体大概不必是血肉之躯，也可以是硅基生命。

最后，让我们小心翼翼地抛出这个问题的终极哲学思考：是否要担忧人类被人工智能取代？

这是个未来的问题，我并没有答案，有许多前人的思考非常深入，值得玩味。

人类是整个星球上特殊的存在，生物学上称为“智人”。我们探寻生命中灵与肉的关系，也好奇智能是否能够脱离身体存在。我成长于大多数孩子从小就想当科学家的年代，有很多人是无神论者或不可知论者，他们会认为思维也是规则，是由大脑非常复杂的电信号激发产生的。那么朴素的想法便是，只要我们能够建立起思维的规则，智能或者意识应该是可以独立于身体存在的。有一个情境会击垮这个朴素的想法，就是瞬间转移。若是将一个人的全身扫描，然后将他粉碎，在另一个地点重新组合，就完成了瞬间转移。但若是有一天机器出了问题，忘记粉碎，在另一个地点还是组合了新的“自己”，他还会愿意让机器再次粉碎吗？脱离“肉体”，“灵”是无法存在的。这个关于心灵哲学的问题，知乎用户谢熊猫君在“假如把一个人粉碎成原子再组合，这个人还是原来的人吗？”的问题下进行了回答，很有意思，大家可以找原文阅读。

现在主流的思想都认为心智、自我意识、通用强智能是不能够脱离身体产生的，因为智能的产生需要有感知—决策—执行的闭环，这个过程类似于我们曾经都学过的辩证唯物主义——物质决定意识，意识对物质具有能动作用。我们不知道如何培养出人类之外的强人工智能，但是我们知道，一定不可能通过复制“思维”来实现。

人类的个体总会消亡，社会总体却生生不息。在约翰·卡斯蒂的著作《剑桥五重奏：机器能思考吗》一书中提出了一个有意思的问题：智能是否可以脱离社会产生？社会制度、宗教、文化、艺术，这些人类社会中习以为常的东西，实际上都是后天培养的。若是脱离了人与人之间的关系，有可能产生真正的智能吗？有可能实现人类现在的文明吗？

如果未来社会真的能够达到人机和谐共生，那么对于人类这样一个群体，一个物种，究竟是整个社会文明的传承更重要，还是自身物种的繁衍生息更重要？似乎创造一个超越自我的物种世界也是个不错的选择。我不禁想起了《三体》里的章北海。如果那时有可以延续文明的硅基生命，他是否会选择牺牲碳基生命，把承载着人类文明火种的硅基生命送往宇宙深处？

作者简介

贾子枫

知乎机器人话题优秀答主，从事智能机器人的研发工作，侧重环境感知与神经计算，发表多篇机器人和人工智能国际会议文章。创办了南京天之博特机器人科技有限公司，专注于机器人操作系统及其应用软件的开发。

怎么把坏压力变成优压力?

王怡蕊

压力管理的核心就在于，让压力与应对压力的资源保持动态的平衡。

理解压力

在心理学里，压力的定义是：人体在面临环境变化时所做出的一系列生理、心理和行为上的反应。

人为什么会有压力?

压力不是现代人的专利，原始人也有压力。现代人的压力是进化和遗传的产物，对我们的生存至关重要。

想象一下，老祖宗们茹毛饮血地生活在洞穴里，每天都很放松，没有任何压力。突然来了一只饥肠辘辘的野狼，誓要把老祖宗变作它今天的晚餐。接着，野狼开始狩猎老祖宗，追在老祖宗后面要吃他。假设老祖宗毫无压力感，仿佛在海滩漫步似的放松，会怎么样？会被吃掉！然后人类就没有然后了。

所以，压力不仅无法避免，而且很有必要。

压力的存在，不是为了让我们幸福快乐，而是为了让我们生存下去。

当压力来临时

当大脑探测到潜在危险时，就会迅速拉响警报，激活人体内置的预装程序：战斗或逃跑反应。这时候，大脑中的一个叫HPA轴（hypothalamic-pituitary-adrenal axis）的化学系统会被激活，引起我们对危急情况的紧急关注，使我们可以调动自己全部的生理、心理、脑力资源来应对危机。

当我们的祖先遇到饥饿的野狼时，他大脑里的杏仁核会迅速判定“有狼，危险”，HPA轴迅速运转，在下丘脑、脑垂体、肾上腺的共同协作下，促肾上腺皮质激素分泌，然后产生肾上腺素、可的松，直接导致身体产生以下变化：

- 视觉敏锐，因为要看清逃跑的路况或者战斗的环境；
- 思维加速，以计算最佳的应对手段；
- 注意力极端集中（这个时候分不得心啊）；

- 血液和能量减少对消化系统的供应；
- 大量的血液和能量转而供应给肌肉群，以提高战斗能力或者逃跑速度，在紧张过度的情况下，肌肉可能会颤抖；
- 与求生不相干的肌肉群，一样会减少能量供应，比如膀胱肌肉可能会放松（吓尿了……）；
- 呼吸短促，以保证氧气的补给；
- 皮肤出汗，以便给辛苦工作的肌肉降温。

大脑的压力机制给了我们最大的求生机会，使得我们不会在被野狼追踪的时候，还胡思乱想“为什么是我呢，为什么悲惨的事情总会发生在我身上”“我什么都比不上别人，永远拿不了前三名”。压力强迫我们把注意力聚焦在当前的危机上，极度专注，因为只有专心逃生，才有生存的机会。

现代人的压力源

之前我们说过，压力的产生是由于环境变化。这个环境变化既可能是外部变化，比如突然出现一头饥饿的野狼；也可能是内部变化，比如一个月之内我必须减重五斤。

我们也可以把制造压力的环境变化，简称为“压力源”。压力源既可以是真实的危险，比如，一辆迎面撞来的大卡车、登山时遇到的一条毒蛇；也可以是认知中的危险，比如面试考核、公开演讲、别人的负面评价。

但是，在现代人的生活中，性命攸关的真实危险并不太多，导致压力的通常是主观认知中的危险。

压力系统的误报——恐惧症

压力源的主观性给压力系统的误报留下了隐患。有的时候，明明生命安全无虞，身体却表现得仿佛如临大敌。比方说，一个人惧怕演讲，演讲就好像是那头饥饿的野狼，让他们紧张得嘴唇发白、小腿发抖、心情低落、坐立不安、逃避拖延，似乎正在经历一场生死存亡、性命攸关的战斗。

这种压力甚至可能在演讲之前的几天、数周前就开始产生，又被称作“预期性焦虑”。预期性焦虑是一种比压力源本身更加令人痛苦的压力方式，因为大脑的想象可以把演讲的危险放大无数倍，而且周期更加漫长。

时间长了，这种惧怕深入内心，就变成了恐惧症。本质上来说，恐惧症是由于大脑压力系统的误报，错把一场安全的演讲当成了生存危机。而大脑为了逃避这场危机而做出的努力，反而成了延续恐惧症的燃料。

压力无法逃避，也不必逃避

压力机制除了能帮我们逃离野狼危机，对于现代人的生活也是有意义的。

你有没有经历过那种截止日期快要到来的时候，心跳偏快、呼吸略浅、头脑紧张专注、效率奇高，一小时能抵得上平时三小时工作量的状态？这种高效而专注的适度压力，被称作优压力

（eustress）。

你可能也经历过压力爆表，影响正常发挥的情况。比如一篇论文拖了又拖，效率极低不说，即使是玩的时候，都放松不了心情。做演示的时候，心慌手抖，浑身冒汗，说话都不顺畅，成绩自然大打折扣。这就是过度压力的副作用。过度的压力又被称为坏压力（distress）。

怎么区分优压力和坏压力？

适度的压力能帮助我们集中精力、促进工作表现，这样的压力就叫作优压力。过度的压力会导致焦虑、削弱工作表现，这样的压力就叫作坏压力。

压力和工作表现的关系不是一条直线，并不是压力越高，效率就越高。

如图 3-10 所示，在 A 区间时，我们的心情比较放松，工作效率也比较低，非常适合节假日休闲的节奏。

在 B 区间时，我们的心情相对紧张，但工作效率也随之提升。

但是，当压力进一步增加，进入 C 区间的时候，工作效率不仅没有增加，反而逐渐下降。

在 D 区间，压力值非常大，精神上痛苦、煎熬，但是工作效率却很低。极大的压力还可能导致焦虑、抑郁等一系列心理问题。

因此，我们需要主动调节自己的压力值，让压力尽可能保持在 A 区间或者 B 区间里。

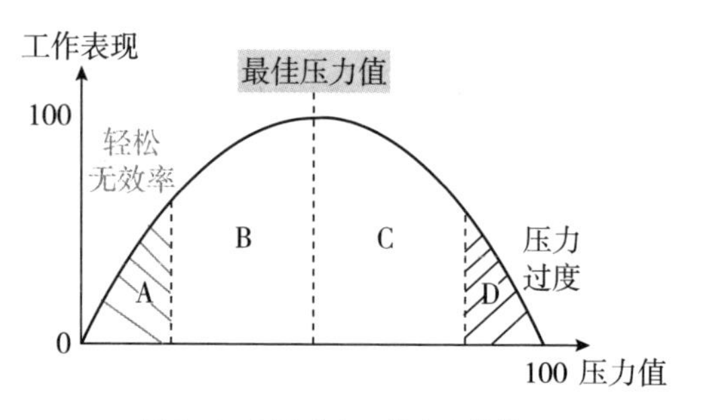

图 3-10　压力值与工作表现的关系

调节压力

虽然压力调节的手法有很多，但是万变不离其宗，基本可以归为两类：一类是降低压力值；另一类是提升压力应对的资源，这个资源既包括本人的心理资源，也包括他人提供的支持。而压力管理的核心就在于，让压力与应对压力的资源保持动态的平衡。

认知调节法

压力是非常主观的，压力的大小在一定程度上取决于我们的主观认识。同样一件事，当你换一种理解方式，就可能带来截然不同的情绪感受。因此，我们可以尝试用改变认知的方法来调节压力。

假设，老板把这个季度的销售指标定得很高，你有可能完不成绩效指标，因此心理压力很大，脑子里不受控制地浮现出各种消极念头。比如“我这个人一无是处，什么都做不好，以后也不会有任何出息的”。我们可以看一下这六个挑战自己消极想法的问题。

1. 哪些事实依据支持或者反对我的想法？

有哪些事实依据表明，如果我这个季度完成不了绩效指标，就等于我一无是处，什么都做不好，以后也不会有任何出息？又有哪些事实依据表明，这次的绩效指标没有完成，并不代表着我一无是处，或者以后不会有任何出息？

需要强调的是，你只能用客观事实作为依据，你的主观判断或者想法可不是事实。比如，“我觉得其他人都能很轻松地完成，只有我不能，所以我没出息”。你觉得别人都能“轻松地完成，只有你不能”，这一点你有没有数据或者其他事实证据能证明？如果没有的话，这就只是一个想法，而不是客观事实，不能作为依据。

2. 我是不是过早地下结论了？

即使所有人都能轻松完成绩效指标，只有你不能，这也只是生活中的一件事而已，还不足以代表你整个人的价值。而且，将来是否能有出息，也并不取决于某一件事情的成败，而取决于你长期的努力程度和选择。用这一件事情来预测你整个人的未来，这个结论似乎下得过早了。

3. 我怎么样才能验证自己的想法正确与否？

问一问你的同事、朋友，甚至是客户和领导，看看他们是怎么看待你的。很多时候，别人比我们自己更能看到我们的价值。

4. 如果完全一样的事情发生在我朋友身上，我会怎么建议他？

当局者迷，旁观者清，发生在自己身上的事情，很容易让人失去冷静和客观。但是，如果我们能把视角拉远，想象着是一个朋友遇到了这样的情况，通常可以做出更加理性的判断。

有的人说，当事情发生在别人身上时，他可以给别人很好的建议，但是放在自己身上就不行了。我们也同样是这大千世界中的一员，并没有超脱于众人之外，适用于别人的道理，为什么就不适用于你了呢?

5. 五年以后，这件事情还重要吗?

让你如此痛苦的这件事，一年以后还重要吗? 三年以后还重要吗? 五年以后呢? 如果这件事情是暂时性的，并不会永远化解不开、承受不起，那么试着从五年以后的自己的角度来看待它。

6. 我能做些什么，帮助自己走出困境?

也许你思考了很多关于绩效指标完不成，未来会变得多么可怕、多么糟糕的问题，但是你为此做了些什么呢? 是和老板沟通、和客户沟通，试着解决问题，还是自怨自艾，卡在原地，缺乏行动?

情绪调节法

正所谓“磨刀不误砍柴工”。很多过度焦虑的人都会说“我知道我需要放松，但我实在是没有时间”。但越是忙到焦头烂额的时候，就越需要给自己留出一点休息、充电的时间。现在我们来谈谈几种快速减压的方式。

1. 制作一张属于自己的“快乐清单”

首先，开启脑洞，把所有能带给你愉悦感的事情都列出来。然后，按照愉悦程度给清单上的活动打分，并且评估每个活动所需要的时长。比如，涂色画画需要 40 分钟，快乐值 6/10；做一顿美食需要 1 个小时，快乐值 5/10；发呆望天需要 5 分钟，快乐值 2/10；泡个热水澡比平时洗澡要多花 30 分钟，快乐值 3/10。按照你的时间情况，选择今天的快乐减压活动。

2. 呼吸冥想练习

用 1~2 分钟的碎片时间，把注意力放在自己的呼吸上，观察自己的腹部起起伏伏，想象着随着每一次的呼吸，你呼出的空气不仅带走多余的二氧化碳，同时也带走你身体中的一丝紧张情绪。在练习过程中，请注意保持肩膀放松。正确的呼吸方式是胸腔起伏很小，腹部自然起伏。刚开始练习时，你也许会觉得有些不习惯，甚至胸口发闷。随着反复练习，慢慢就会抓住要领的。

3. 肌肉放松法

肌肉放松法有很多种，其核心在于通过肌肉的一张一弛，起到仿佛电脑重启的复位效果。假设你坐在板凳上，两只手抓住板凳的两侧，然后向上用力拉，仿佛你要把自己连着板凳给端起来，但是你的体重又使得你无法端起板凳。每次坚持 10 秒钟左右，再放松肌肉 10 秒钟，反复循环 1~2 分钟。

4. 健康的生活方式

运动可以让大脑产生快乐元素多巴胺，平衡的饮食给身体带来能量，充足的睡眠让人头脑清醒、思维敏捷。这些虽然是老生常谈，却十分重要。

5. 与别人聊天

对方虽然也许不能直接帮助到你，但是别人的理解和支持就是一种莫大的安慰。这会让我们有能量去重新出发。

6. 写信或者写日记

如果你有一些心里话，别人很难理解，或者没有合适的诉说对象，那么把它写下来。假设你对老板充满了愤恨，直接告诉老板显然是不合适的（除非你准备好不要这份工作了），也不想给朋友传播负能量，你可以给老板写一封你永远不会寄出的信，在信里面抒发自己的愤怒和不满。情绪得到宣泄以后，我们才能更好地理智思考，把精力集中在解决问题上。

总而言之，优压力有助于心理健康和工作效率，而坏压力不利于健康且破坏工作表现。我们做压力管理的目的，就是尽量使压力值与应对压力的资源保持动态的平衡。

假如你已经认真执行了我提供的各种办法，但情况仍然得不到缓解，那么我猜测你面临的也许不只是一般的压力问题，建议你尽快寻求专业的心理咨询或心理治疗服务。

作者简介

王怡蕊

知乎心理学话题优秀回答者；澳大利亚阿德莱德大学心理学学士和心理学荣誉学士（一级），澳大利亚昆士兰大学心理学博士；澳大利亚注册临床心理学家，美国心理学会（APA）、澳大利亚心理学协会（APS）会员，积极教养项目（Positive Parenting Program）项目组成员，具有澳大利亚心理学硕士、博士生督导资质。

什么样的人最容易升职？

谢春霖

你在职场能否取得成就不是由你的努力程度决定的，而是由你的能力是否满足公司的需求，以及你的能力是否足够稀缺决定的。

某公司暴力裁员

2019 年 11 月，某公司用非常暴力的方式，裁掉一名在职 5 年的老员工。这位员工 5 年以来在公司兢兢业业，经常加班到深夜，却从没因此迟到早退过哪怕一次，即便在病床上也从不影响工作，除此之外，他的业绩还特别优秀，在小组里名列前茅。

但就是这样一位三好员工，最后累倒在病床上，换来的是被这家公司用如此不人道，甚至是非法的方式暴力辞退！

难道，真的是因为这家公司太黑、太没有底线了吗？

是的！

这样做确实太过分，我听到后也非常生气！当然，后来因为舆论的压力，该公司和这位员工已经达成了和解。

但我们要讨论的不是这个，而是这里边的一个小细节，这位员工在曝光事件的那篇文章中说："我的收入并不高，早年好不容易涨薪，也只多拿了 800 元钱，主要的工资涨幅也都在被裁的那几个月，拿了没多久就要被裁掉。5 年来我拿到的项目分红奖金加起来也只有不到 3000 块。"

从这里你可以看到，他虽然是一个非常勤奋的人，但在公司待了 5 年，收入和职位却没什么提升，为什么？

如果是因为不努力而得不到晋升，或者因为业绩不好而没有加薪，那无话可说，但为什么一个人已经竭尽全力了，却还是晋升乏力呢？

究竟是什么，决定了一个人的职场前途？

什么决定职场前途

我们再来看一个案例：某自媒体大号的一个实习助理，月薪竟然高达 50 000 元！

为什么那么高？是因为文笔好吗？

不完全是！

如果把她放到一家传统工厂里，她也许就是一名文笔不错的办公室文员，收入可能只有 5000 元。如果她和老板说：“老板，我要涨薪，我想要 50 000 元一个月！”工厂老板会不会给？当然不会，一个文员，凭什么？但她在自媒体公司里为什么收入那么高？

因为这家公司就是做文字生意的。内容好坏对公司的价值影响巨大，比如因为文笔好，文章的转发率提高了 1%，那一篇文章带来的额外商业价值就可能远高于她的工资了。

该自媒体公司对优质内容极度敏感，渴求文笔好的人，而这位助理的能力正好与公司的需求匹配，因此才能拥有那么高的工资。

所以，是什么决定了她的高收入？

答案是需求。

当她的能力和公司的需求对上了，那么她的价值就被放大了。

决定职场价值的第一个要素：需求

什么是需求？

就是公司是否需要你，包括你的能力、你的资源等等。公司有什么样的需求，决定了你有什么样的价值。

比如一杯水，你觉得它值多少钱？

这得看你把它放在哪里。

如果放在家里，它几乎是免费的，因为它解决的需求叫作“渴”，而放在超市，它的价格就从 1 元到 10 元都有可能，为什么？因为这时，它解决的需求变成了“便利”，变成了“口味”和“健康”。那放在星巴克呢？它可能要卖到 30 元，因为它这时解决的需求变成了“社交”。如果把它放在沙漠呢？可能就要卖 20 000 元！因为这时，它就是命。

你看，水没有变，变的是需求，一旦需求改变，水的价值就立刻发生了变化。需求，决定了你有什么价值。

很多人觉得自己怀才不遇，就是自认为很有能力，却不被领导认可，但真的是这样吗？

不是的，你的能力是否被认可其实并不重要，重要的是有没有人需要你的能力，只有当你的才能遇上需求，它才有价值，怀才不遇的遇，指的是什么？指的就是遇见需求。

我们再回到水的案例，当你在沙漠中快渴死的时候，出现的不是一瓶水，而是有 100 个人在你面前卖水，情况会变得怎样？

这时候水的价格又会再次降低至几元钱，为什么？

因为它不再稀缺了。所以，需求决定你是什么价值，而稀缺性决定了你的价值有多大。稀缺性，是决定你职场价值的第二个关键要素。

决定职场价值的第二个要素：稀缺性

稀缺性换句话说，就是有多少人能代替你。

比如你的工资想要 20 000 元，但有个新人成长很快，他和老板说：你现在的工作他都能做，而且工资只要 10 000 元。如果你是老板，选哪个？肯定选那个 10 000 元的，对吧？

你能力的稀缺性，决定了你价值的大小。你的能力越稀缺，你的价值就越大。

职场跃迁 = 发现需求 + 变得稀缺。因此，想要职场跃迁，你需要做的事情有两件：第一，发现需求；第二，变得稀缺。

什么叫发现需求？就是你能看见别人看不见的需求和机会，并参与进去。什么叫变得稀缺？就是让你能解决别人不能解决的问题，或者让你的解决方案能达到更好的效果，那就是变得稀缺。

那怎样才能看见别人看不见的需求和机会，怎么才能解决别人解决不了的问题呢？

用心去找？这显然是不行的！为什么？因为你眼里的世界，和你能给出的解决办法，是由你的“认知”所决定的。

认知不变，结果不变。

你需要认知升级

认知升级是什么意思？

我们来举个例子。比如你现在想吃烤鸡，而眼前只有一部手机，你会怎么办？

很简单啊，你会打开手机上的外卖软件，然后直接点个外卖。

但如果你是一位原始人呢？你会打开一个外卖软件叫外卖吗？

不会！为什么？

因为，在你的大脑里边，完全没有手机、互联网、手机软件，网上银行、支付宝、快递等这些概念，你完全不能理解手机和烤鸡之间有什么关系。

这就是认知不同。

若你的认知不改变，你眼中的世界和你能给出的解决办法，就不会发生改变。所以，想要看到不一样的需求，找到更有效的解决办法，你就需要升级自己的认知！

那如何升级自己的认知呢？

想要升级认知，我们要先理解大脑在面对问题时的工作机制是什么样的。

大脑的思维过程

我们可以把大脑的思维过程简单地抽象成三个区域。

一、信息区

比如刚才的问题“如何吃到烤鸡”，它就出现在信息区。这就好比是电脑的输入设备，你向电脑发出一条指令：如何吃到烤鸡？

二、背景知识区

背景知识区就好比电脑的解码程序，会对这个信息进行解读。

比如原始人，他看到这个信息后，背景知识区就会出现石头、小鸡、火堆等东西来理解接收到的这个信息。

三、思考区

就是把刚才在“背景知识区”里出现的这些信息有逻辑地组合起来，变成一个解决方案。比如这个原始人，他会想到用“手机”当石头，把小鸡给砸晕（见图 3-11）。

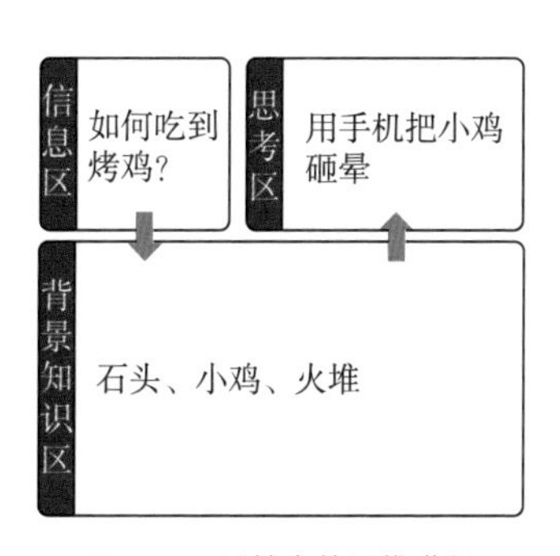

图 3-11　原始人的思维进程

这是原始人的大脑。如果换成其他人呢？

那背景知识区的信息就会不太一样了，他们的解决方案也会因此不同。

比如一个现代人，他的大脑里就会出现：手机，手机软件，支付宝，快递，外卖小哥，30 分钟必达……

如果他还是个吃货呢？那么他还会考虑鸡的口味，比如新奥尔良口味、藤椒口味、烧烤风味……

如果是一名厨师呢？

那他想到的可能就是鸡的品种、各种烤鸡的做法，比如盐烤、北京烤、花式烧烤；他还会想到各种佐料，比如葱段、姜片、蒜片、生抽、蚝油、辣椒粉、孜然粉……

有了这些背景信息，他可能就不是去买做好的鸡，而是去买食材和佐料，然后自己做了（见图 3-12）。

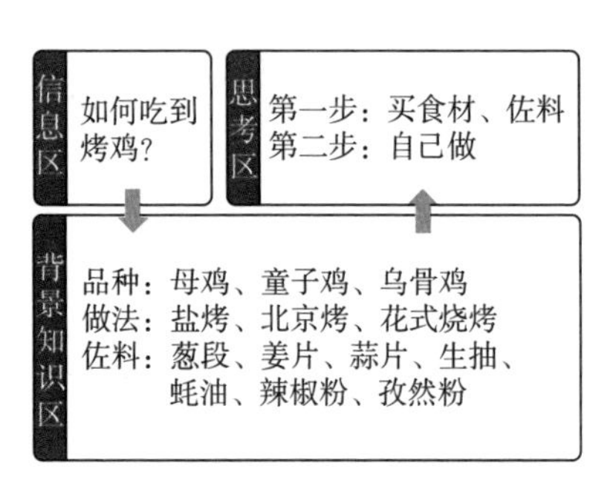

图 3-12　厨师的思维过程

你看，当同一件事情发生时，其实我们每个人大脑里出现的信息是不同的。

你有什么样的认知，你就能看到什么样的世界。

好，理解了大脑的工作原理，我们就能找到提升认知的具体办法了。

提升认知的具体办法

一、提升自己的背景知识量。

背景知识不同，我们看到的世界其实是不一样的。因此，当你拥有更多的背景知识时，你就会看到比其他人更多的信息，你就有可能发现别人发现不了的需求和机会。

二、提升信息的处理能力。

有“背景知识”并不等于有“解决方案”。比如我母亲，她大脑里也有手机、手机软件、外卖、支付宝、快递等概念，但她无法把它们有序组合在一起，然后用特定的步骤去操作，因此她也不能在 30 分钟内，用手机变出一只烤鸡。

所以，你想要得到一个更好的解决方案，还需要提高自己在思考区的信息处理能力。

那具体该怎么做呢？

下面，我们一步步来看。如何提升背景知识量？拼命看书，看公众号，听讲座吗？不是！这里的关键词是：结构化知识。

什么是结构化知识？比如一辆保时捷汽车，售价上百万，但如果不小心撞墙了，车子报废，它将一文不值。

但是，组成车子的原材料并没有变化，还是那些铁、铝、玻璃、机械零件。那为什么不值钱了？

因为这些原材料之间的“关系”发生了变化。同样的要素，用不同的关系，组成不同的结构，就会拥有不同的功能，那么整体的价值就会大不相同。一栋房子价值几百万，一旦倒了，它就变成一堆砖头，变得一文不值。要素没变，关系变了，价值大不相同。

所以，要素不重要，它们之间的关系才重要。

我们之所以感觉在互联网上，看了很多知识，用处都不大，就是因为这些知识是碎片化的。碎片化的学习就好比是在捡取一个个知识要素，但并没有构建它们之间的关系，无法形成结构，价值就很有限。

这就像我们买了一堆汽车零件，每个看上去都很好，但是堆在一起，它们依然是一堆零件，而不是一辆车，无法使用。

那怎么样才能拥有结构化的知识呢？

如何拥有结构化知识

第一步：给大脑外接一个硬盘。

你可能看过很多书，但用的时候却一个都想不起来，为什么？因为大脑特别健忘。

根据大脑的遗忘曲线图（见图3-13），我们可以看到，在刚学完一个知识18分钟之后，就已经忘了将近一半了，再过一天，可能就只剩下40%了。

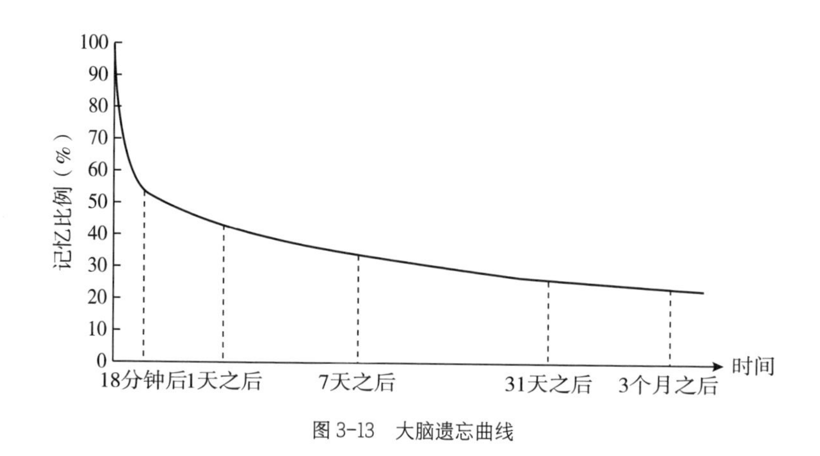

图3-13　大脑遗忘曲线

所以，大脑的记忆力很不靠谱。怎么办？

那就给它外接一个硬盘，帮助你储存知识。我推荐使用一个工具：印象笔记。当然，你也可以使用其他的同类产品，功能大同小异。

这些工具可以把你看到的一切，比如网页、微信文章、知乎回答、纸质书、手写笔记等都一键永久保存，让你从此拥有过目不忘的能力。

第二步：按需求，把知识结构化。

有了过目不忘的能力就够了吗？

还不行，这就好比你把知识都写在一张张纸上，然后存入一个房间，随意搁置，虽说它们一直都在，但当你真的遇到问题时，并不知道需要的那张纸在哪里。

怎么办？

你需要把这些纸装订成册，分类摆放，把一张张纸片变成一本本书，乃至一整个图书馆，这样你找起来就方便多了。这个过程就叫作结构化。所谓结构化知识，就是给自己搭建一个图书馆。

那这个图书馆该怎么造呢？

举个例子，我给大家看下我做的关于沟通能力的结构化知识示意图（见图 3-14）。

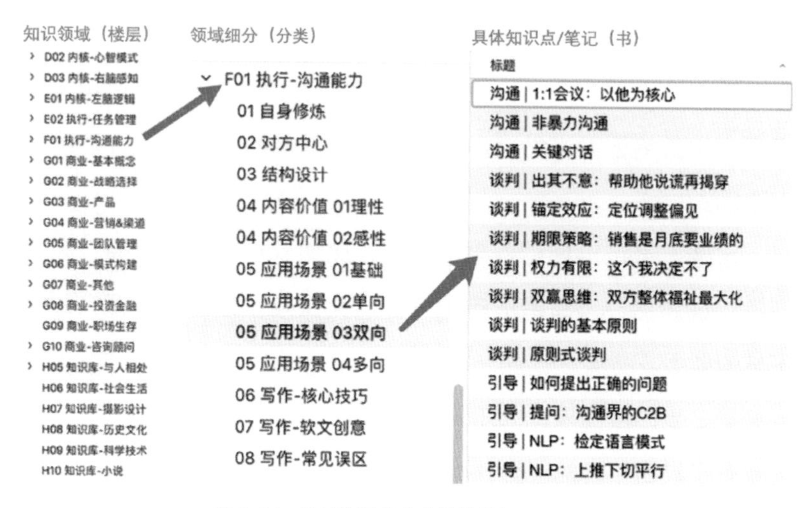

图 3-14　关于沟通能力的结构化知识示意图

先看最左边，这里我把知识先按比较大的领域进行划分，这就好比是图书馆的楼层，一楼是个人成长，二楼是高效工作，三楼是商业，等等。然后是领域细分，这就好比你进入图书馆的某个楼层之后，看到的分类专区；而最右侧，摆放的就是一个个知识点，也就是书架上的一本本书、一篇篇文章。领域、分类、知识点，这样三层结构，就构成了一套结构化的知识。

有了结构化知识，当你再遇到某个问题，看到的就不再是这一个点，而是一整个面，也就是和这个问题相关的所有知识，会一下子都跑到你的脑海里，你的解决办法自然就会比原来多很多，分析问题也会变得更加全面。

回到主题，那为了职场跃迁，你该拥有怎样的结构化的知识，这栋图书馆该如何建造呢？

职场跃迁需要的结构化知识

刚才我们说，职场跃迁的第一个关键要素叫作需求，你的能力得能够满足公司的需求。

公司有什么需求？

我们可以把公司的需求分成两大类：

一、创造价值。比如公司现在每月能赚 100 万元，而你通过大数据算法，优化了整个业务流程，公司的收入增加了，那你就是在做创造价值的事情。

二、提高效率。比如原来一个项目，10 个人要做 1 个月才能完成，现在通过你的管理，3 周就能上线，这就是在做提高效率的事。

因此，你可以将关于职场的知识结构围绕“创造价值、提高效率”这两个核心展开，开始设计图书馆，如图 3-15 所示。

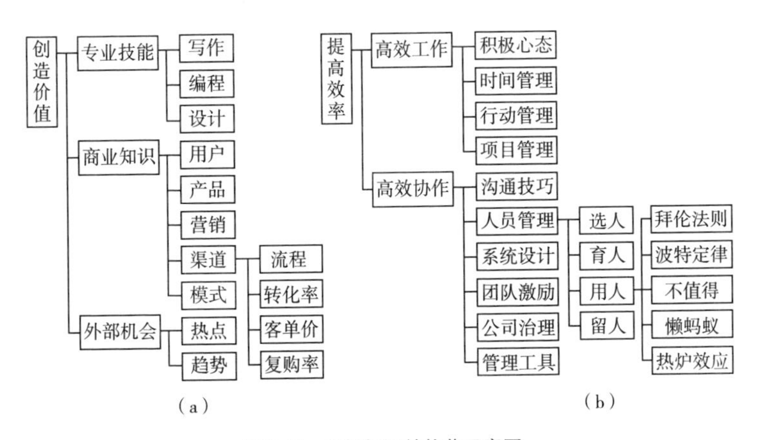

图 3-15 职场知识结构化示意图

图 3-15（a）这栋是“创造价值”图书馆，它分为三个楼层。

一楼是专业技能。大多数的专业类技能都是创造价值的，比如写作、编程、设计等等。

二楼是商业知识。如果说专业技能是为某个产品或者某条业务线服务的，那么商业知识就是让你能站在公司的角度，来寻找价值增长点，这里可以粗略地分为五个专区：用户、产品、营销、渠道、模式。

当然，你还可以继续细分，比如在营销中再分成流量、转化率、客单价、复购率。然后，再在这里面填充相应的知识，比如在流量这个细分中加入“有效流量”这个概念和使用技巧，在转化率中加入“五步成交法”，在客单价中加入“连带率”等知识点，这就好比是在书架上放入一本本书。

三楼是外部机会。商业知识是让你站在公司的层面来寻找机会点，而“外部机会”就是再往上拔高一个维度，让你从整个市场的角度来寻找价值增长点，比如市场上现在有哪些热点？出现了哪些新需求？未来行业的发展趋势会如何？以此来找到公司未来的机会。

图 3-15（b）这栋是“提升效率”图书馆，它分为两个楼层。

一楼是高效工作。比如如何调整自己的心态，如何做时间管理，如何优化工作流程，等等。

二楼是高效协作。就是如何与多人协同作战，提升团队效率。我把这里分成六大类：

（1）沟通技巧：比如说服、谈判、演讲等技巧；

（2）人员管理：比如选人、育人、用人、留人；

（3）系统设计：关于公司的组织架构、协作方式、规章制度等；

（4）团队激励：比如鸡尾酒激励法、X-Y 理论、双因素理论等；

（5）公司治理：关于公司股权结构的设计方法；

（6）管理工具：比如 OKR、PDCA、平衡积分卡等等。

有了这个框架，下一步就可以往里面去添加各种相关知识了。

随着添加的知识越来越多，你的知识体系就会变得越来越完善，同样的问题，你就能看到比原来多得多的信息，从中你也许就能发现别人发现不了的新需求和新机会。

第三步：连接、连接、连接。

仅仅搭建一个图书馆还不够，你还需要建立和这些知识的连接。

第一，与你自己连接。你不能只把知识一键保存就结束了，你还要有自己的理解，要能用自己的话把某个知识点给讲清楚。

第二，与其他知识连接。你需要建立知识之间的关系，把树状的知识结构变成网状的。这样，你遇到问题时能想到的知识点就会变得更多。

第三，与问题连接。不要去做一个图书管理员，只管进书和管理书，你要不断去“使用”这些知识，这样它们才能内化成你自己的能力。

当你拥有了不同的背景知识，你眼前的世界，就会开始变得不同。

不同的认知，不同的世界

如果有这样一个问题："产品做出来了，该如何做推广？"你会怎么思考？

第一种情况：没有背景知识

如果你不知道什么是推广，推广有哪些方法，那么你的大脑就会呈现出一片空白，你可能就会向搜索引擎求救，你不知道该怎么办（见图 3-16）。

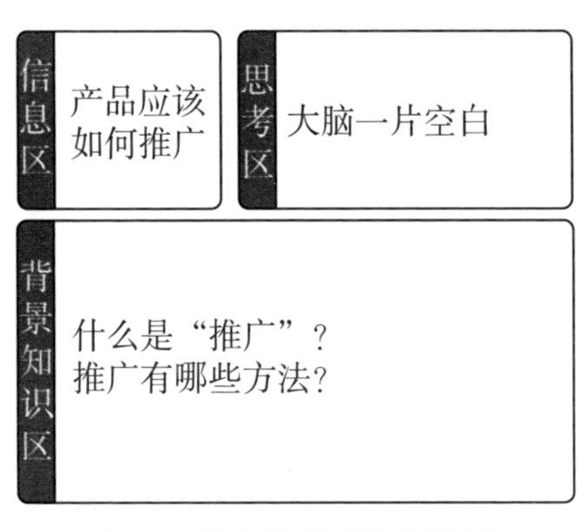

图 3-16　没有背景知识的思维过程

第二种情况：有一定的背景知识

如果提到推广，你能想到淘宝直通车、网红直播、抖音短视频、地铁广告、微信公众号、百度竞价排名等等。这时候，你就可以提出一些建议了，比如：做朋友圈微商吧，门槛低；做淘宝直通车吧，见效快；开个微信公众号吧，留存好；做抖音短视频吧，可火了，我的某某朋友，现在做这些都特别赚钱（见图 3-17）。

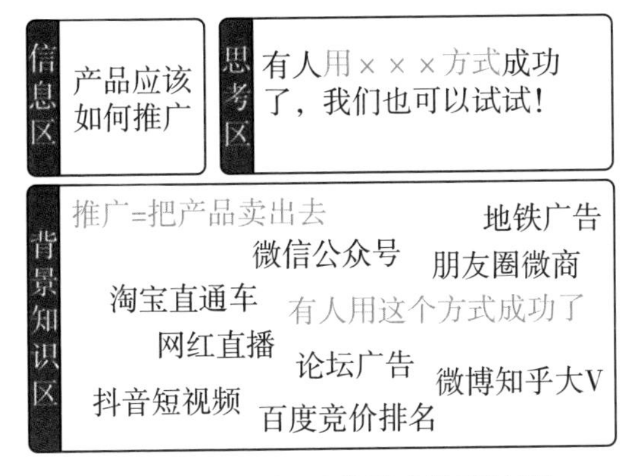

图 3-17　对推广有一定背景知识的思维过程

第三种情况：有一套关于“推广”的结构化知识

当你对这个领域了解充分时，你的大脑里就会立刻浮现出一整套“攻略”，如图 3-18 所示。

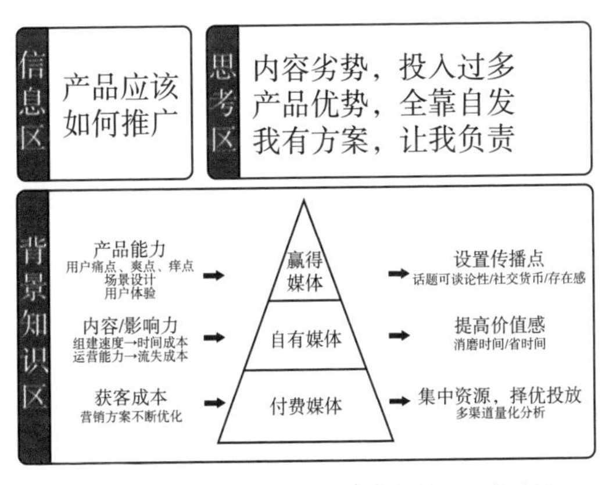

图 3-18　对推广的背景知识充分了解的思维过程

宣传媒体一共分成三类：付费媒体、自有媒体和赢得媒体。它们分别适用于不同的公司：资金多的人适合做付费媒体；有内容输出能力或者有网红资源的适合自有媒体；有爆款产品的，适合赢得媒体。

然后你发现，自己的公司一直以来做的都是自有媒体，且投入了非常多的资源，但粉丝增长一直都比较缓慢，原来是公司没有自带流量的网红，内容也不是强项，所以这个方向本身就是错的。

那怎么办呢？

这时候你又想到，我们的优势，其实是产品，产品的口碑一直以来都非常好，但几乎没有在“赢得媒体”这块投入，都是用户自然分享的。

所以，你觉得这一块是机会，而你在这方面已经积累了一些知识，有了一个比较成熟的优化方案，那这时候，你就可以向老板提出申请，让你来负责这一块新业务。

你看，刚才那个没有结构化知识的人，提出的各种建议，其实都是“付费媒体”的方式，他完全忽略了“自有媒体”和“赢得媒体”这两个维度，因此他看不到这个机会。

由于拥有一套结构化的背景知识，你看到了他看不到的需求，并因此获得了一个业务机会，当新业务不断成长，你离升职加薪也就越来越近了。

好，这是通过“提升自己的背景知识量”来获得职场跃迁，接下来我们来看如何提升信息处理能力。

如何提升信息处理能力？

有背景知识，不一定等于有解决方案，想要更好地解决问题，我们需要把这些背景信息根据问题重新进行梳理，变成一个方案。梳理的方式有两种。

1. 用结构化思维来手动梳理

比如刚才案例中的第二个人，他看到问题后，虽然能想到一些背景知识，但彼此不相关，不成系统，所以他只能给出各种零碎的建议，这样就没有什么价值。这好比是一堆汽车零件，虽然很多，但却无法运行，那价值就会很低。

怎么办？

你需要先把它们拼装成一辆车，才能启动前行。

那具体怎么装呢？

这里你就需要用到“结构化思维”来重新梳理这些信息。

这些看上去比较零碎的想法，我们可以先按两个维度把它们进行分类，这两个维度分别是投放的媒体类型、与媒体的合作方式。如图 3-19 所示，现在看上去是不是清晰很多了？

不过这还不够，我们需要在其中找到规律，再结合自身的情况，找到突破口。那从这个分类里能看到什么呢？

你看，图 3-19 越往右下角的推广方式，离用户和商品的转化越近，广告费浪费得就越少，投放就越精准，也就是所谓的精准投放。看上去，这类方式更直接，更经济，效果更好，你每花一分广告费，就能多卖出一个产品，对吧？但你有没有发现，有很

媒体/方式	按时长付费（CPT）	按展示付费（CPM）	按点击付费（CPC）	按消费付费（CPS）
线下媒体	电视广告 地铁广告			
搜索资讯		公众号大V	百度竞价 网站广告	
社交媒体		知乎大V 抖音大V 小红书V 微博大V	广点通 论坛广告	微商分销
电商购物			淘宝直通车	淘宝直播

图 3-19　用结构化思维梳理推广方式

多品牌还是愿意投偏左上角那些看似投入大、见效慢、特别不精准的广告，为什么？

因为精准投放的反面是影响力的减弱。

所谓精准投放，就意味着目前没有购买意愿的人是收不到推广信息的，这看上去是节约了成本。但他们现在不买，不代表以后不会买，他们自己不买，不代表他们不会和朋友讨论，也不代表不会在大脑中留下印象，所以精准投放带来的社会影响力其实是降低了，这不利于品牌的长期建设。

所以，我们应根据公司的战略来选择适合的推广方式，而不是无脑地跟风。

如果我们想要的是“现在”，想要卖出更多的货，那就选择右下方的精准投放。但你要知道，精准投放就像吸鸦片一样，会上瘾。

什么意思？所谓鸦片，就是用了马上就爽，然后你会依赖它，且用量越来越大。精准投放也一样，你一投广告费，客户马上就来，你觉得很爽，然后越投越多，也越来越依赖这种方式，但你因此给出去的佣金也会变得越来越多，今天网红收你 5%，卖得好，他下次就会要 10%。最终，渠道会吃光你所有的利润。

所以，如果想要建立品牌和影响力，想要赚未来的钱，那么就要选左上角的推广方式，放长线，钓大鱼。

你看，这种分析就比较有章法，能找到一个更适合自己现状和未来战略的方法，而不是胡乱尝试。

以上是基于有限的想法，利用结构化思维，手动梳理出一个脉络，找到比较靠谱的行动计划，接下来我们来看第二种方式。

2. 直接调用结构化知识

如果你已经拥有了“结构化的知识”，也就是现成的解决办法，那你就可以直接用它们来处理问题，效率会因此变得更高。

比如刚才的第三个人，当他看到“推广”这个问题的时候，他大脑里就出现了一套关于推广的结构化知识，见图 3-20。他根据这套知识，就能直接拿出一套解决方案。

第一，根据能力特点，选择宣传媒介。

他瞬间就知道，宣传渠道分为付费媒体、自有媒体、赢得媒体，它们分别适用于不同类型的公司，而我们的产品体验非常好，用户会主动帮我们宣传，因此我们应该将重点投放在赢得媒体上，在产品中嵌入传播点，让朋友圈为我们代言。

第二，为产品加入传播点，激发用户疯传。

那怎么传播呢？

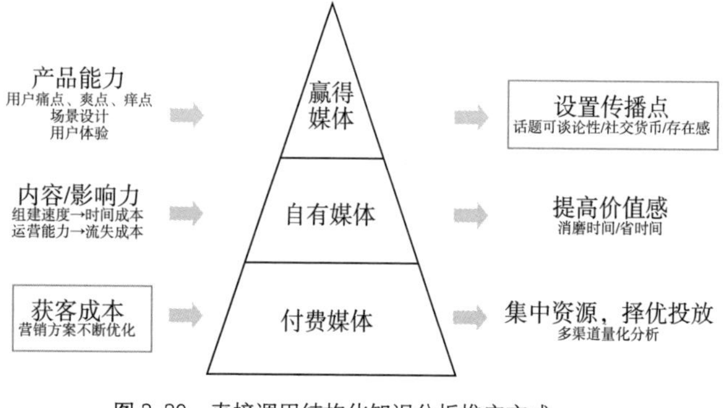

图 3-20　直接调用结构化知识分析推广方式

这时候，他大脑里就会冒出另一个背景知识——疯传六原则（见图 3-21）。

疯传六原则

1.社交货币	2.诱因
3.情绪	4.公开性
5实用价值	6.故事

图 3-21　疯传六原则

他马上就能想到，我们可以根据“疯传六原则”来设置产品的传播点：比如重新设计产品的外观，加入“诱因”，勾起用户对童年的回忆；比如加入“公开性”，让产品的外观显得特别浮夸、极具辨识度，让用户拿在手里就忍不住发朋友圈。

第三，降低获客成本，逐步加大投入。

赢得媒体需要传播的初始用户，因此我们也需要适当投放些付费媒体，来培养传播的种子。

那付费媒体该怎么投？

这时候他大脑里又会瞬间跳出一个关于付费媒体的背景知识：获客成本。

他说，我们可以先用小额的投放预算尝试各种渠道，然后计算它们的获客成本，找到其中获客成本最低的渠道，然后加大投放力度。

你看，当你有了这样一些基于推广的结构化知识，你就能直接调取使用，而不用再花时间梳理思考了。当别人还在抓耳挠腮、头脑风暴的时候，你就能直接给出完整的解决方案，你对公司的价值就会大幅提升。

所以，不断积累一套套属于自己的结构化知识，你就能更快、更好地解决别人解决不了的问题，你就能迅速脱颖而出，实现职场跃迁。

总结

我们来总结一下这部分的内容。

你在职场能否获得成就不是由你的努力程度决定的，而是由你的能力是否满足公司的需求，以及你的能力是否足够稀缺决定的。因此，我们找到了实现职场跃迁的两条路径：第一，发现需求，你要看到别人看不到的需求和机会；第二，变得稀缺，你要解决别人解决不了的问题。

而想要实现这两条，你必须升级自己的认知！

升级认知有两个途径。第一，提升自己的背景知识量。要素不重要，要素之间的关系才重要，你需要搭建一套属于自己的结构化知识。

第二，提升信息的处理能力。零碎的建议不重要，基于现状和问题，把建议梳理成可行的方案才重要。梳理方案有两种方式，分别是用结构化思维手动梳理、直接调用结构化知识。

参考书目

[1] 谢春霖．认知红利 [M]. 北京：机械工业出版社，2019-8.

[2] Tim Ferriss. Tools of Titans[M]. Boston: Houghton Mifflin Harcourt，2016-12.

[3] Willingham.D.T. 为什么学生不喜欢上学？ [M]. 赵萌，译，江苏：江苏教育出版社，2010.

作者简介

谢春霖

毕业于上海师范大学：知乎创业话题优秀答主，注册高级培训师，富研社创始人，《认知红利》作者，曾担任多家创业公司的商业顾问，并帮助企业取得了快速发展。

怎么利用内容算法实现业务增长？

闫泽华

更早理解算法分发的特点，就能更早地抓住趋势、利用趋势。

为什么我们需要了解算法？

为什么我们在当下的时间点，需要去了解内容的推荐算法？拿起手机，你会发现你日常应用的各种平台都已经在应用推荐算法了，不管是微博、头条这样的内容平台还是淘宝、京东这样的购物平台，都在使用算法的方式驱动信息、商品的分发。

为什么从微博、今日头条到淘宝、京东都倾向于使用推荐算法，而不是我们直观认知中更容易理解的关注分发或者编辑分发呢？核心，就在于下面这个公式：

内容得分 =a × 编辑权重 + b × 社交权重 + c × 算法权重

我们把分发因素拆解成三个：基于编辑筛选的编辑权重、基于关注关系的社交权重和基于模型算法计算出的算法权重。如果我们将 a、b、c 三个系数中的一个退化为 0，你就会发现算法分发其实就是关注分发或社交分发。因为算法分发本身是一个包容性更好的模型，能够容纳更多的因素，从而选择用户点击率更高的内容。

我们可以将今天的算法分发理解为十年前的搜索，伴随着时间进程，算法分发一定会变得越来越普及，日趋标配化。更早地理解算法分发特点，就能更早地抓住趋势、利用趋势。

什么是推荐算法？

算法推荐的最直白的理解就是规则匹配，将用户和内容都打上标签，再将对应的内容和用户进行连接。但依靠人工制定规则，一定很容易触达优化的天花板。因为人力有尽时，不可能覆盖复杂度更高的子场景和分支情况。这时，我们就需要借由算法的力量不断细化人群与物品的特征，提升匹配效率。算法推荐的广泛应用，带来的就是效率的不断提升。

以内容的分类为例，体育项目会划分为篮球、足球，篮球会划分为 NBA、CBA 等赛事，进一步在 NBA 中，某个球星也会成为一个值得关注消费的子类目。人工制定的规则只可以向下深挖几个层级，而算法推荐可以更快速准确地深挖出更多有收益价值的子类目，并将其中有消费价值的内容挖掘出来，提供给用户消费。

算法是围绕目标函数的不断细化与迭代。对于信息流产品而言，用户规模和停留时长两个指标就非常关键，只有用户停留时长越长，其留存情况才会越好；只有刷数越多，广告收益才可能更多。所以，很多算法的优化都会围绕点击率和停留时长这两个核心目标。

在核心指标之上，我们可以进一步增加复合型指标，来完善体验。以多样性指标为例，不同于在搜索场景下，用户可以明确表达意图，推荐场景是一个缓慢地认知用户的过程。在满足用户已知兴趣点的时候，还需要进一步触探、了解用户新的兴趣。保证了推荐内容的多样性，才能够保证用户对平台的长期黏性。

不管是图文还是视频，一个内容推荐流程大体是：内容理解—冷启动—收集用户反馈—扩散／消亡—长尾的传播。

基于对内容的理解，推荐算法进行了初始流量的分配和推荐。文本内容的理解比较成熟，能够通过标题、正文关键字的抽取，对文章的类型、话题进行比较准确的判定。视频的初始信息较少，就更依赖于自媒体提交的文本描述、自媒体本身的属性、抽帧画面来理解内容。内容本身的特点和自媒体的特点，都会影响内容的推荐流量分配。一个更垂直、更可信的自媒体能够得到更高的授信额度，从而会得到粉丝和目标人群的优先曝光。

冷启动阶段基本可以决定内容的生死：如果某个内容在冷启动里没有获得很好的反馈，大概率就失败了；反之，如果内容在冷启动里表现很好，则很容易快速扩散成为爆款。冷启动的结果直接决定了内容会得到扩散或者消亡，就像是丛林法则：强者越强，弱者淘汰。这种机制对内容消费者是非常友好的，他们只会看到自己想看的东西，如果关注的作者发了一篇硬广，用户大概率是看不到的。

对于创作者端来说，或许需要学会如何适应新分发规则下的新常态，不能简单地基于粉丝发硬广了。从某种意义上来讲，推荐系统也是更公平的。即便一个自媒体出身的草莽，只要产出的内容具有消费性，收获了很好的用户反馈，也能得到一个可靠的阅读量或播放量。

爆发之后的文章进入了长尾传播的过程：小众的内容受限于内容生产集合比较小，很有可能会持续得到一个更长尾的流量；而优质的内容，其生命周期会比其他内容高很多，在因为时效性因素发生第一次衰减后，如果还能得到非常好的用户反馈，就会持续得到流量。

接下来，我想纠正几个关于内容推荐的常见误解。

首先，高点赞+高评论是不是一定能带来高播放数？

二者是相关的，但不是严格正相关的。因为点赞和评论与内容的目标覆盖面有关，如果目标受众是10 000人，即便里面有5000人给你的一条内容点赞评论，系统最大的目标上限也就是10 000；反之如果说你的受众相对比较广，比如有50 000、100 000的受众，你有5000个赞和评论的时候，还能继续往上涨。与此同时，内容的消费量还会受到其他偶发因素的影响。

解释一句戏言，对于推荐系统而言，自媒体的表现是：三分天注定，七分靠打拼。

“三分天注定”的部分是指推荐引擎具有一定的偶然性概率：包括推荐系统本身的偏差和当时内容热点的影响。就像“××明星上不了头条”，不是××明星本身有什么问题，而是那个时间段正好有其他更热的内容将他的风头盖住了。

“七分靠打拼”说的是通过账号的积累能得到平台更多的授信额度。一个自媒体做得越垂直、越久，累计表现越好，其自媒体账号就越可信。站在平台的角度，平台追求的是用户的点击和留存。如果一个自媒体账号有足够多的活跃用户，这些用户和自媒体互动都不错，那么这个自媒体账号对于平台来说显然是有正收益的，从而会得到平台更高的授信额度，能够被推荐给更多的用户。

那么，什么样的内容会获得流量？

这取决于平台的内容调性。不同的平台有着不一样的用户人群和迭代目标，其最后呈现的内容调性就会有差异，自媒体应该选择适合自己调性的平台进行发展。

实操中，通过分析某个平台最近10天的热门内容，我们大体能够感知到哪些内容在这个平台上能火。为什么是“最近10天”？因为平台的策略优化是持续滚动和迭代的，同一时间有成百上千个A/B实验在运行。只有不断关注平台的热门内容趋势，才能够更好地感知平台推荐调性的迭代，从而适应平台的内容分发特点。

我们要始终认识到：对于推荐分发平台，只有做机器能理解、用户愿意消费的内容，才会获得更大的流量成功。

给内容创作者的五点运营建议

了解了算法分发的特点后，内容创作者应该如何去做？这里，我给出五点建议。

1. 全渠道运营的趋势不可逆转，选择适合自己的渠道

在被超级应用软件垄断的今天，用户变得更懒了：既不愿意装更多的手机软件，也不愿意在平台间迁徙。对于内容创作者而言，每一个大的渠道都是值得探索和尝试的，就像一个电器品牌，线下国美、苏宁要进，线上天猫、京东的店铺也要开，可能最近的热潮是在拼多多店。在探索尝试之后，再来分析自己的渠道选择，衡量投入产出比。

2. 认知到推荐的波动性

所谓“三分天注定，七分靠打拼”，这里的“天注定”更多指代的就是推荐的波动性。尽管推荐趋近了全局最优化，但在个体案例上还是会有偏差存在。如果发送了内容后效果不好，可以选择换个时间点，修改标题封面后重新发送进行尝试。

除了推荐的随机性以外，还有天时的问题。如果发文的同时撞上热点事件，那么内容的流量一定是偏低的。就像如果不是电商平台，做活动一定要错过“6·18”和“双11”，在这些时间节点，用户的注意力一定是被购物吸引的。

3. 承认算法的迭代性，不断研究新趋势

在平台极端追求效率的方式下，每一天都有很多实验、策略在并行运转。所以在刷抖音时，你会主观地体验到不同时间段

的趋势不一样：这个时间段大家玩这个梗，下一个时间段玩别的东西。造成这种现象的原因就是算法迭代和内容迭代的叠加。

作为一个积极的内容运营者，我们需要主动去研究平台在推荐什么新东西。比如最近会看到短剧越来越多了，又如街舞形态越来越多了，等等。及时跟上这波潮流，就能够收获一定时间窗口下的红利。

4. 算法背后也有人，搞定关键人

对于腰部以上的自媒体来说，和平台的关系也是非常重要的。算法是人写的，决策也是人做的，平台有自己的倾向性和迭代路径。积极参与官方活动，和官方的运营人员保持良性的互动，能够让我们更早地了解到平台的动向和迭代方向，从而选择适合自己的发展方向。

5. 多做事少作弊

从平台角度看，我们发现特别多的人喜欢作弊。尤其当你自己在不停地积累，却看到别人用了一个小小的手段获得几倍流量或者更多收益的时候，这种诱惑是非常难以抵抗的。

比如说，有些人发觉平台喜欢播完率。想要提升播完率，发更短的视频，播完率肯定高，抑或是片尾加一个“不要走，片尾扫码得奖品”的提示等。这些招数一定会提升播完率，但这种扰乱市场的行为平台是会严打的，一旦遭遇严打被封号，你过往的努力，就前功尽弃了。

既然算法分发的趋势不可逆转，希望每一个内容创作者都能够拥抱变化，理解算法分发的方式，在新的游戏规则下，实现内容品牌更好的建立和传播。

作者简介

闫泽华

《内容算法》的作者，Boss直聘策略产品负责人，知乎教育业务、会员产品前负责人，今日头条前资深产品经理，负责头条视频、微头条、头条号的策略产品工作，曾任百度搜索架构工程师、“凯叔讲故事”技术负责人。

生活

发朋友圈时什么样的照片受欢迎？怎么拍照更文艺？

惊奇影像（冯崴）

看起来感性的摄影作品大多来自理性的思考，看起来文艺的照片往往拥有科学的内核。

看到我写的这个题目，肯定有朋友会说我开局一张嘴，故事全靠编。“惊奇影像”这个网名就一点都不文艺，还装文艺摄影师呢。曾经有一篇文章说，土味摄影师才爱起些“某某影像”“某某视觉”之类的网名，太“中二”了。没办法，十多年前我刚进入摄影这一行时，这种“龙傲天”式的网名的确比较流行。现在想来，这都是年轻时犯下的错啊。

作为一个商业广告摄影师，我在知乎上更多专注于解答技术类型的摄影问题，如摄影灯光怎么打，拍摄某些东西时如何实现某些效果等。然而，大家问得最多的问题反而是：“发朋友圈时什么样的照片能受欢迎？”“怎么样拍照有文艺范儿？”“哪种滤镜、哪种预设套上去之后照片会马上变得特别好看？”

其实我挺喜欢这么直接的问题，但比较麻烦的是如何回答这些问题。一位有经验的摄影师回答这些问题，多半答案是这样的：一张照片好不好，七分看技术，三分看器材，另外九十分看拍的东西是什么。

在我看来，摄影中最重要的并不是把不好看的东西拍好看，而是如何能多拍好看的东西。选择好看的被摄物才是保证作品基本质量的不二法门。至于预设和滤镜，终究只能锦上添花。摄影师想靠它们雪中送炭是很难的。大家难道没听说过买家秀、卖家秀吗？市面上有很多预设，为什么大神用起来就如虎添翼，我们套到自己的照片上就完全不是那回事。难道真的是审美差距吗？

“一千个人眼中就有一千个哈姆雷特。”如果在本文中讨论审美差距，那恐怕扯得有点远。但有个段子说得好：“自古真情留不住，只有套路得人心。”拍照套路还是存在的，因为大众审美还是有可遵循的标准，只需要让照片“好看”“有文艺范儿”，基本上就能满足大众的审美了。

你可能不相信，看起来感性的摄影作品大多来自理性的思考，看起来文艺的照片往往拥有科学的内核。

举个最简单的例子，手机自拍。众所周知，手机自拍有一个特别好的角度，就是举高 45 度拍摄，也就是手机用户最爱的拍摄角度。但为什么这个角度自拍好看呢？其中有没有科学的依据呢？

这就要从手机本身说起。因为我们手机的前置摄像头，大多是一个广角镜头。广角镜头除了拍得广之外，还有一个特性，就是广角镜头的透视感。广角镜头对于靠近它的物体的放大率远大于远离它的物体，也就是我们说的“近大远小”的透视效果。所以当人们举高了手机自拍，五官中距离镜头最近的是哪一个？是眼睛。远离的又是哪一个？是嘴巴。于是照片中就有了大眼睛、小鼻子、小嘴巴，符合大众对人脸五官的审美规律。

相反，如果是手机前置摄像头从下往上自拍，那就是大下巴、大嘴巴、大鼻孔、小眼睛，如果不是搞怪的话，敢这么拍的人我只能佩服。

想不到吧，一个简单的自拍动作居然有科学依据。那么，当我们用科学的方式再去分析一些摄影中看起来非常模糊的概念时，能不能有新的发现？

构图的秘密

提起摄影，构图总是最关键的话题。有三分法构图、对角线构图、黄金分割、中心放射线构图、斐波那契螺旋线构图等等。本来已经看得眼花缭乱的你，再看着微信公众号上把斐波那契螺旋线压扁了套上电视剧截图的奇怪操作，你心里一定在想：“我感觉这是在胡说，但我没有证据。”

且慢，让我们先回到原点：摆放位置真的是构图的关键吗？假如把一根牙签摆在桌子上拍，我们怎么构图才会好看？答案是哪一种都不好看——牙签太小了，又细又长，摆在哪里看起来都不合适。

所以，在摄影构图中，比“放在哪里”更重要的，是东西在画面中“占多少面积”。

我们来看下图 4-1 的 3 张拍摄于同一场景的图片，哪一张构图比较好？

图 4-1　同一场景的不同构图

毫无疑问是第二张，让它看起来比另外两张更好的原因是这个路牌在画面中的比例最适合。换言之，讨论主角“放在哪里”之前，首先得让它有足够的空间呈现。假如主角占比太小或者把整个画面占满，那就没有所谓的构图可言了。

那么主体在画面占比多少才合适呢？从科学的角度来看，照片作为视觉信息的传递介质，一定会符合帕累托法则。而这个法则的另一个名字，就是如雷贯耳的二八定律。从帕累托法则的角度看来，在一幅理论上完美的画面中，其 80% 的信息应该集中在画面的 20%，这 20% 就是画面的主角，信息密度极高。当主角在画面中的占比在 20% 左右时，画面的主角和配角在信息量上才能达到平衡。主角在画面占比高于 20%，则信息密度高，侵略性更强，反之则信息密度低，存在感降低。

当然，鲜艳的颜色、刺激的光影也会增加信息权重，但总的来说，“占多少”其实比“放哪里”重要得多。

现在再去看那些构图精美的画面，真的只是位置的问题吗？

色彩搭配的真相

色彩搭配也是一个挺“玄学”的问题。坊间都说“自古红蓝出cp（一般指配对）”。为什么高手们拍出来的红蓝搭配比普通人拍的好看？到底哪里错了？那些刷爆朋友圈的“莫兰迪色调”，其配色原理又是什么？

影响颜色搭配是否好看的因素，其实主要是两个方面：第一是面积，第二是色彩中被忽略的隐藏属性。

先说面积。看完上文的构图原理，你可能意识到了，面积占比是其中一个因素。只要将配色间的面积比例拉开，画面整体看来还是一个比较统一的色块。例如红和绿，一直被人认为是最难搭配的两个颜色，一不小心就会让人感觉无法接受。但我们通过改变红绿色在画面中的占比，例如按照经常说的“万绿丛中一点红”搭配，效果看起来就好多了。

至于色彩中被忽略的属性，那就先要从我们如何形容颜色说起。当描述一个颜色时，大家的第一反应一般是考虑这个颜色到底属于赤橙黄绿青蓝紫的哪一种。很多书里给的颜色搭配的建议，例如红蓝搭配、黄蓝搭配、粉红配粉蓝、红色配橙色，都是基于这个认知。通常来说，这些色彩搭配可以归纳为四种基本方式：同类色搭配、近似色搭配、互补色搭配和分离互补色搭配。如果用色环上的位置来表示，这四种基本形式可以用图 4-2 表示。

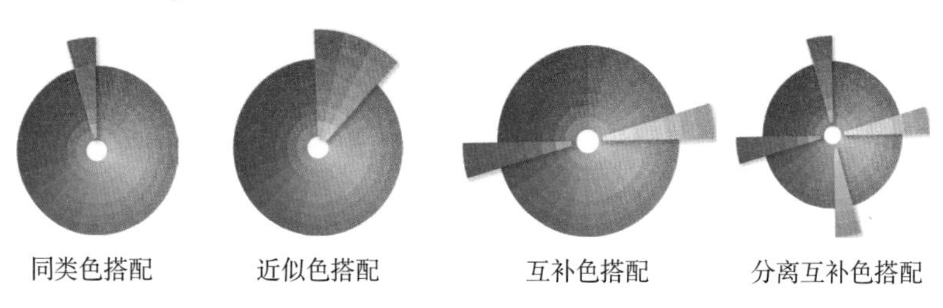

图 4-2 色彩搭配的四种基本模式

一定有人会说，听起来好像很有道理，但操作起来感觉又有哪里不对。假设有一个蓝色的物体，拿蓝色去配它就是同类色，用青色去配它就是近似色，拿黄色去配它就是互补色……这不就是什么颜色和这个蓝色都能配吗？那么如何用这四种方式去指导颜色搭配呢？

其实这四种色彩搭配的基本方式，并不是指导别人去选择颜色的，而是为已经搭配好的颜色组合分类而已，摄影师用这个来指导自己选择颜色搭配是没有意义的。色彩搭配的关键，在于不能只用色相这一个属性去形容颜色。颜色有三大属性，分别是色相、饱和度和明度。形容一个颜色是红、是绿、是蓝还是黄，是在说这个颜色的色相；形容一个颜色是否鲜艳，是在说颜色的饱和度；评价一个颜色是深是浅，则是在说颜色的明度。优秀的颜色搭配，秘诀在于画面中的主要颜色里，色相、明度、饱和度这三个属性中有两个相对接近，整体画面就会比较和谐。

举个例子，图 4-3 的左图去色之后，你会发现蓝色和黄色其实在黑白的状态下深浅几乎是一样的。这就是色彩里的隐含信息：人眼在分辨一个颜色的时候，是从色相、饱和度、明度这三个属性去理解的，两种颜色的某两个属性接近时，这种内在共性自然形成了秩序感，观者在视觉上就很容易将这些颜色归为“同一系列”，正如这两个同一系列的蓝牙音箱。相反，如果采用深红配浅绿，这两个颜色里有两个属性相差甚远，观者无法将这两个颜色归为一类，就会产生混乱感，搭配起来就相当“辣眼睛”。所以，

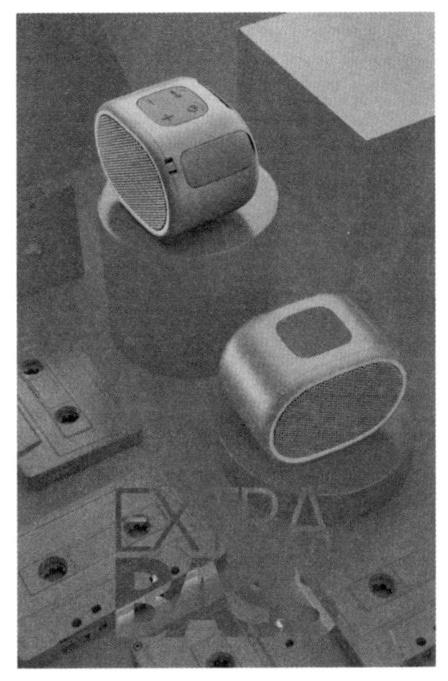

图 4-3　去色后的效果图对比

搭配的颜色是红配绿，是黄配蓝，其实并不重要。决定画面好不好看的，是色彩的饱和和深浅之间的差距。

现在，我们在实际拍摄时就有方向了。在选择拍摄的场景或者道具时，摄影师可以选择与主体明度或饱和度接近的颜色，更容易出效果，正如大家常说的特别显文艺的“莫兰迪色调”“高级灰”。“莫兰迪色调”搭配中常用的方式（见图 4-4），是同一个画面内出现多个色相的色块，色相跨越冷色调和暖色调，给人以色彩丰富的暗示。但同时又利用色彩间低饱和、高明度的共性统一这些低侵略性的色块。从视觉的角度来说，这种带着一点“小闷骚”的配色，能给人带来典雅、高级、舒适、恬静的感受。这也就是“莫兰迪色调”被文艺青年追捧的重要原因了。

图 4-4　莫兰迪色调示意

摄影是一种艺术创作。一时的灵感或许能成就一两张好作品，但说到提高摄影水平，保持高质量的作品输出，理性的思考才是关键。马格南摄影大师艾利斯·韦伯曾经这样总结过他的创作习惯："我的拍摄方式是，当我闻到哪里有照片的气味，我就在这个地方转来转去，假如一个地方有很好的背景，我就在那里等待前景。"

科学的"套路"，就是让摄影者更清楚地知道，我们的镜头所等待的景色到底是什么。

作者简介

惊奇影像（冯崴）

知乎摄影话题优秀答主。2008 年开始从事商业摄影，目前是湖北省摄影家协会会员、广东省艺术摄影学会会员、广州市广告学会广告摄影师专业委员会会员。现为《中国摄影报》《摄影之友》《人民摄影报》等主流媒体与自媒体撰稿人。曾获 27 届湖北省摄影艺术双年展商业类银奖。

手机时代，你还知道快门吗？

砸场子（罗晨）

快门的发展如同一面镜子，映射着人类对摄影的追求。

要谈快门，我们先来讲物理意义上的实体，而非我们在摄影中谈论的“快门速度”这一参数本身。选择这个主题有三个原因：首先出于私心，我长期以来对快门这个领域非常感兴趣，也搜集了不少独特的快门；其次，不同于现代帘幕快门一统江山，从摄影术开端到二战之前的百年时间里，镜间快门（见图 4-5）毋庸置疑是绝对的主流；最后，快门的发展如同一面镜子，同“镜头光圈的进化”一样，映射着人类对摄影的追求。

既然要说镜间快门小史，我想我们可以深入一点，看看快门本身的分类、演变、结构，与历史上那些有名的案例——这是原

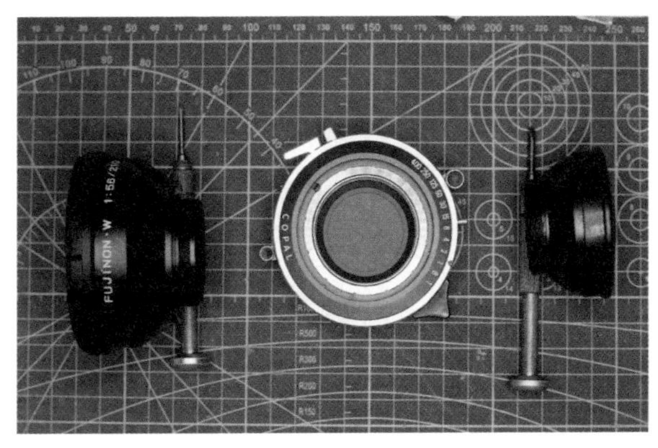

图 4-5
镜间快门及分解图

本只有研究者和收藏家知晓的秘密。

快门的定义和分类

在这里，简单地将快门定义为能够在设定时间内通过光线，使底片或者数码感光元件曝光的装置。快门常规情况下闭合，触发快门后叶片打开，完成预设曝光时间后会再次关闭。（哈苏或玛米亚等中画幅单反相机搭配镜间快门镜头时，快门默认是打开的，触发时会先关闭。）

按照这一定义，凡是能够起到控制曝光时长的装置广义来说都属于快门。早期湿版曝光时间长达几分钟甚至十几分钟，摄影师会使用帽子、镜头盖或者其他物品充当快门。

现代快门主要分为两类。一类是帘幕快门，绝大部分都置于靠近焦平面的位置，所以常称之为焦平面快门；另一类就是我们要谈及的镜间快门，多使用叶片遮蔽光路，所以也称为叶片快门。

尼康 FM2 就是使用焦平面快门的典型，为了追求高速度使用了极薄的钛合金，并用蜂巢结构强化叶片，因此广为人知。当下大部分数码相机都使用焦平面快门。

禄来双反相机（见图 4-6）则是使用镜间快门的代表，拍摄镜头可拆分为前组和后组，快门位于镜头中间，这就是“镜间”一词的由来。快门的叶片数量不一，从一片到十余片不等。材料大多为钢材，早期也有塑胶材质，某些特殊的还会使用轻质镁合金。

图 4-6　禄来双反相机

镜间快门装设在镜头中间，帘幕快门装在焦平面略前的位置最为常见。但历史早期也有其他实例，如铡式快门和卷帘式快门。帘幕快门装设在镜头前方 / 后方，而影室快门

（见图 4-7）作为镜间快门，实际装设在镜头前方，35mm 单反相机使用的叶片快门则装设在镜头后方、反光镜之前。

图 4-7　TIB 影室快门

现代 35mm 相机使用焦平面快门，闪光同步速度一般不超过 1/250 秒，使用高速同步功能会降低闪灯输出。而镜间快门是全域曝光，闪光同步速度基本等同于最高速度（部分快门在使用电子闪光灯时这一速度会略微降低），这也是为何哈苏数码镜头仍然提供镜间快门，以此丰富创作手段。哪怕是普通的镜间快门，其闪光同步也有 1/400 秒或者 1/500 秒（0 号或 1 号快门）。

焦平面快门还存在“果冻效应”。大部分帘幕快门自上而下移动，高速运转时快门狭缝扫过画面的每个部分都有时间差，导致横向运动的物体被记录在底片时产生位置差异。全域曝光的镜间快门则不会有此问题（镜间快门只有位于或者接近光圈位置时才可以实现全域同时曝光）。

现代焦平面快门的体积都以覆盖感光元件为准，相当于匹配机身；而镜间快门则是匹配镜头尺寸，镜头尺寸越大，所需的镜间快门开孔就越大。镜间快门大体分为来自欧洲（主要是德国）和日本的采用公制螺纹规格的快门，以及采用美制螺纹的美式镜间快门，按尺寸大小划分，从 0 号到 5 号都有（见图 4-8）。

图 4-8　Alphax 快门不同尺寸

此外，镜间快门作为大画幅摄影的一个独立部分出售，一般无法在尼康的专卖店里单独购买焦平面快门，却可以在摄影器材商店买到单独的镜间快门来安装你已有的镜头，甚至拿着别处购买的镜头要求改装螺纹，另配快门来使用。

镜间快门的历史

镜间快门有过各种脑洞大开的设计，从最开始发展到现在标准的样式，这是纵贯整段镜间快门历史中最重要的一条线。

同摄影发端一样，快门的出现也要从法国讲起。论证地球自转的傅科曾尝试对太阳摄影。一如前述，使用达盖尔银版曝光时间非常长，除了太阳几乎找不到其他需要瞬时曝光的对象。1850 年（一说 1851 年），他设计了最早的快门：一块有洞的板在镜头前滑道落下，当孔洞穿过镜头前方，相机完成曝光。只要保证每次下落起点一致，曝光时间每次都恒定。而通过调整下落起点的高度，使得孔洞通过镜头前的速度不同，就实现了控时。傅科的这个装置具备快门的两个基础属性：可控时和速度稳定。历史上将之视为“有案可查”的第一个快门装置。

现代明胶银盐感光体系出现于 1879 年。随着材料化学的发展，底片感光度逐渐上升，曝光时间越来越短，至此之后快门市场才应需而生。1886 年 Newman 设计了气阻式快门，快门叶片打开后，推动上方气缸往外排气，排气速度可控，排气越快，气缸上升停留时间越短，当气缸落回初始位置时快门关闭，这就是最早的可以控制时长的气阻式快门（见图 4-9）。

图 4-9　最早的可控时快门 Newman

T-P 快门（见图 4-10）

是另一种早期快门，T-P 即 Thornton-Pickard（桑顿 – 皮卡德）公司的缩写，原理和傅科设计的快门类似，只是用软性打孔布帘代替硬木板。布帘两头分别卷在两个弹簧轴上，通过给弹簧加力，松开弹簧，带有缝隙的布帘通过中间孔洞实现曝光。后世格拉菲（Graflex）相机和诸多帘幕快门都是类似原理，通过调整弹簧松紧，再配合幕布上预先切割好的多条的缝隙，这样的组合实现了扩大快门的速度范围。

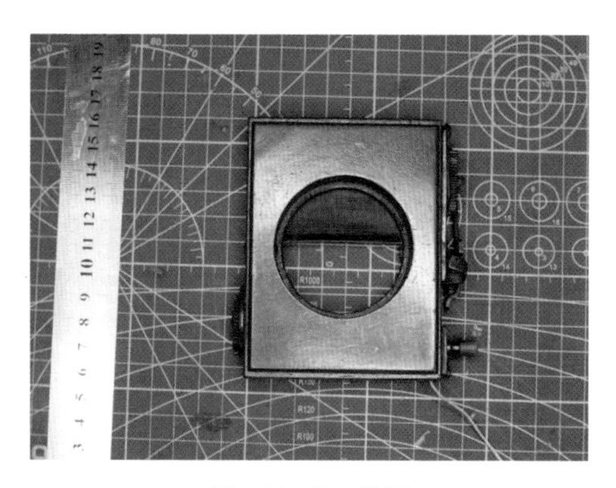

图 4-10　T-P 快门

如今的博士伦不算是响亮的名号，至多让人联想到隐形眼镜和雷朋太阳镜，但当年它是一家了不起的光学企业，建立了美国第一个光学玻璃工厂，培养了一批光学工业的人才，甚至拍摄《教父》第一部使用的也是其生产的电影镜头（Super Baltar）。

1896 年博士伦推出气阻式快门，成为 20 世纪初所有同类快门的标杆，往左气缸挤入空气触发快门，右气缸利用空气阻力实现控时。这个快门十分成功，以至于很多企业开始模仿。早期气阻控时快门基本万变不离其宗：快门上弦，释放后活塞在气体阻力下运动，活塞移动距离越长，快门打开时间越久。

影响所有现代快门的（不论是焦平面快门还是镜间快门），是伊莱克斯（Ilex）1910年注册的专利（见图4-11），包括35mm相机、中画幅相机、大画幅相机，所有具备机械快门的现代相机，其快门控时都与此相关。后来大家互相“借鉴”，你抄我，我抄你，中国仿制德国普浪多（Prontor）快门用于海鸥双反，日本精工仿制Gauthier的Magna快门，等等。伊莱克斯的快门原理上和表的擒纵机构类似，在英文中同样称为escapement。弹簧释放的弹力以恒定速率输出给齿轮组，齿轮组转完指定角度后快门关闭。这一设计摆脱了气缸阻力受磨损、湿度、温度等影响的问题。

图 4-11　伊莱克斯快门

德国人在1912年从伊莱克斯手中购买专利生产康帕（Compur）快门，蔡司在1931年（一说1935年）收购了这家公司。德系快门的另外一支是Gauthier，1935年也被蔡司秘密控股。宝丽来110A、110B就使用这家公司生产的Prontor-SVS快门。两家公司生产了世界上绝大多数同时也是品质最好的快门。二战后德国分裂，20 世纪 50 年代民主德国也研发了自己的镜间快门，如潘太康（Pentacon）就生产 Prestor 快门。

随着 50 年代末 60 年代初日本一系列 35mm 相机的崛起，小型相机逐渐占据市场，大画幅快门减产，1965 年前后蔡司旗下快门厂开始裁员，到 1976 年康帕的产线并入普浪多，商品名称仍旧保留。民主德国的潘太康早在 1966 年就停产旗下全部的 Prestor 快门。那时捷克斯洛伐克还没有分家，一家经销商委托蔡司设计了 5 只非常优秀的镜头，准备推向市场，总量 1500 只镜头，需配 1500 个快门，由于快门停产，这些镜头绝大部分停留在纸面上。

美国方面，机械快门原理的开创者伊莱克斯在 20 世纪 70 年代宣布停产。瑞士仙娜（Sinar）委托日本科宝（Copal）生产的用于仙娜 P 系列大画幅相机的大口径快门，绝大部分也生产于 20 世纪 90 年代之前。德国普浪多的快门生产约在 20 世纪 90 年

图 4-12　精工早期生产的精工舍快门

代末结束。日本本土主要的三家快门厂商为西铁城、科宝和精工。其中科宝可能持续生产时间最久，国产海鸥单反广告中也宣传过本机使用日本精工快门云云（见图 4-12）。

至于机械镜间快门最后停产的时间，有说 2008 年，有说 2010 年，有说 2013 年。富士在 2008 年的时候推出过 GF670 相机，打着复兴胶片的理念逆时代而行，但唯一的电子部分就是镜间快门。当时日本快门厂（估计是科宝）已不再生产。库存可以提供，后续维保零件无法供应。富士考虑再三不得不在 GF670 相机采用电子快门，可谓憾事。

科宝和日本电产合并后，成为电产科宝株式会社，是全世界最大的电磁光圈和快门组件供应商。我们拿起数码相机的时候，多少还是能触摸到昔日的血脉。

快门产能 1850 年从零起步，直到二战之前产量达到顶峰，之后一路走低，直到 21 世纪初，所有的机械快门全部退出市场（见图 4-13）。

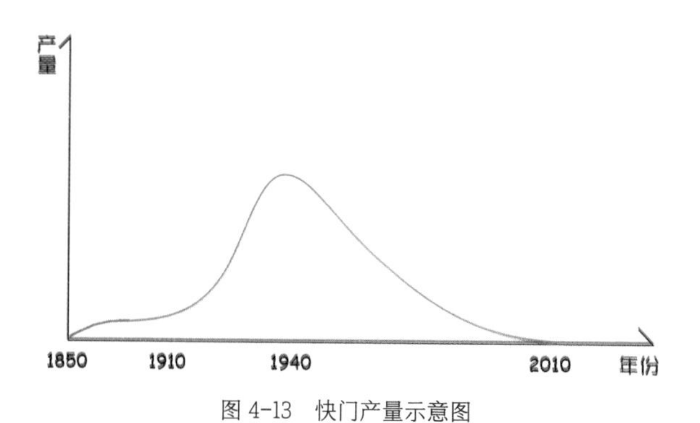

图 4-13　快门产量示意图

20 世纪六七十年代到 21 世纪初，各家机械镜间快门厂商都尝试推出一系列的电子化产品，有些完全由电力驱动（如 Ilex Synchro Electronic），有些则仅将计时部分交给电子元件（如 Compur Electronic），本身还是手动给快门上弦。其他非传统快门制造商也推出过各种电子快门，如禄来和骑士（Horseman ISS），在规格上仍旧与传统机械快门口径兼容。

相较于机械快门，电子快门有若干优点：第一，精确。机械快门时间误差较好的在 10% 以内，换算成曝光小于 1/3 档。电子快门则更精准。哈苏资料中电子快门的光圈和速度误差可控制在 1/10 档。第二，现代电子快门无须上弦，振动更小，触发频率更快，只要通电就可以控制光圈和快门，甚至在手机上也能操作（如 Rodenstock eShutter）。

电子快门的缺点是需要供电，其次是部分型号需通过外接控制器操作——少数特例如 Compur Electronic 快门则坚持手动上弦，所有操作在快门本体完成，同操作早期的机械快门并无分别（仅限 1、3 号快门，5 号快门仍需要供电）。没电时这款快门仍然能够工作，但仅有最高速度可用。

在历史之外补充点内容

速度的极限

现代数码相机帘幕快门速度的上限一般是 1/4000 秒，哈苏最新数字化镜间快门极速是 1/2000 秒，但百年前快门的极限速度是——1/5000 秒。Multi-Speed 快门（见图 4-14）曾以此速度记录炮弹的出膛瞬间。快门本身并无特别结构，纯粹大力出奇迹，通过把手给快门上弦，压缩弹簧越多极限速度越高。如果说正常上弦摇动半圈，强行加到一圈甚至两圈就能继续提高速度，但这个速度下可能使用数次就报废，这也是此款快门罕见的原因（谁不想试试看极限速度呢）。

图 4-14　Multi-Speed 快门

镜间快门的寿命

普遍来说镜间快门的寿命不如现代金属叶片帘幕快门。1970 年代普浪多快门销售手册上说，工业级电磁镜间快门寿命约 10 万到 15 万次，机械快门寿命约 1 万次（不考虑维修），若适当保养可以延长。部分高档工业快门还会和手表一样使用人工宝石轴承，包括仙娜的快门，其慢门机部分也有宝石轴承（见图 4-15），以期延长使用周期。但毕竟运动复杂，加之镜间快门叶片接触重叠面积大，所以寿命难与帘幕快门匹敌。机械快门建议十年左右保养一次。

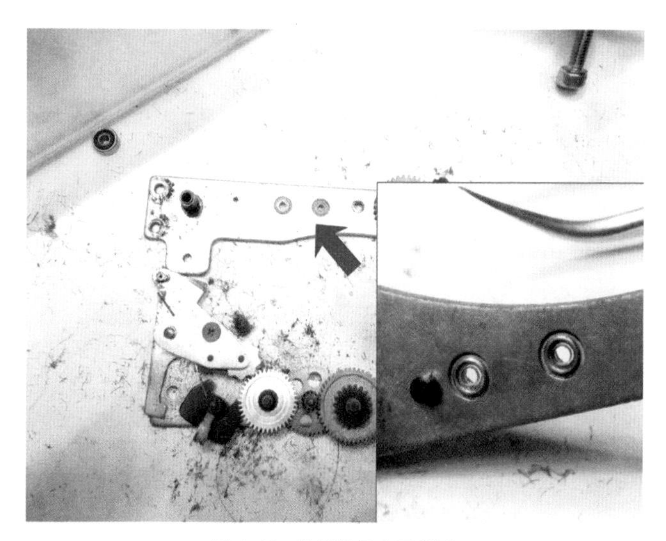

图 4-15　仙娜快门宝石轴承

关于我国的快门

我国大陆地区没有专门的快门厂家，也不生产复杂的大口径镜间快门。一般为相机厂配套 35mm 相机或中画幅双反 / 折叠机生产。大画幅镜头多使用气动快门（非气阻式快门），通过控制手捏皮老虎的力度实现时间控制，或在 B 门利用闪光灯拍摄，一般不具备控时机构。

在仿制哈苏生产“东风”相机时，高层会意要在各种指标上胜过西方，因哈苏相机镜间快门最高速度为 1/500 秒，东风的指标就定为 1/1000 秒。快门口径越大，所需动力越强，叶片开闭时间要求越短。彼时我国冶金工业水平和机械加工水平有限，不得已采用这样的办法：当快门设置为 1/1000 秒的最高速时，镜头会悄悄把光圈从 F/2.8 缩小到 F/4，变相实现了 1/1000 秒速度。但就算如此，弹簧在使用一段时间后也需返厂更换。

作者简介

砸场子（罗晨）

自由研究者，长期从事大画幅镜间快门的搜集、修理与版本考证工作，在早期摄影器材厂商及古典镜头方向亦有涉猎。有译著《今日摄影》《伟大的摄影》，历史文献翻译包括《罗彻斯特摄影器材企业简史》《从历史角度谈摄影镜头》等。

为什么体重正常的人最爱减肥？

何　思

科学看待肥胖是第一步，其次才是选择科学的方法让我们越吃越瘦。

国人减肥有一个常见的现象——真正肥胖的人不热衷于减肥，体重偏重微胖的略羞耻于减肥，体重正常的人却狂爱“减肥”。回想高中或者大学时期，寝室中是不是总有这样的人经常说“今天晚上我减肥，不吃饭了”，最气人的是他明明瘦得要命，看着都快营养不良了。

那么我想和大家聊聊“科学减重，越吃越瘦”这个主题，第一个关键词就是科学。科学看待肥胖是第一步，其次才是选择科学的方法让我们越吃越瘦。

自我介绍一下，我是营养师何思，毕业于四川大学食品科学专业，做过保健食品公司培训讲师，其间考了国家二级公共营养师、中国营养学会注册营养师。做了三年讲师之后，到国内知名互联网减重公司薄荷健康 App 做线上减重项目的负责人，在营养、减重行业也有将近七年的工作经验。

新认识的朋友知道我是营养师后，最爱提三个问题："怎么减重最快呀？""吃 × × 有用吗？""减肥还能吃 × × 吗？"

被这样的问题轮番轰炸后，我时常会反问两个小问题：

"你觉得自己胖吗？"

"你觉得为什么会变胖？"

通常换来的是短暂的沉默或者模糊不清、猜测的回答。

胖和不胖，这个概念是经过我们大脑潜移默化的比较后产生的。身边有朋友、同事很瘦，明星很瘦，所以，我这样的身材是胖的。这种推断太过感性，无法理性去衡量与改善，所以先找到合适的指标去衡量肥胖情况非常重要。

学会评价肥胖

衡量一个人是胖还是瘦，方法大概有三种：BMI、体脂率和腰围。

BMI 又叫作体重指数，是一种粗略指标，只反映身高和体重之间的关系。它不会反映体脂的多少，所以会存在相同身高体重的人，BMI 相同，但脂肪量不同。不过，BMI 越高，医学意义也越大，研究显示 BMI ＞ 28 与心脑血管疾病、死亡风险上升有密切关系。

BMI 计算方法是用体重（kg）除以身高的平方（m^2），BMI

低于18.5，存在营养不良的风险，介于18.5~23.9属于正常范围，24~27.9属于超重范围，大于等于28则为医学意义上的肥胖（见表4-1）。现在请大家拿出计算器算下BMI，看自己在哪个区间范围。

$$BMI = \frac{体重（kg）}{身高 \times 身高（m^2）}$$

体重分级	BMI体重指数
体重偏低	< 18.5
正常	18.5~23.9
超重	24~27.9
医学肥胖	≥28

表4-1　BMI分级

讲完BMI之后，我们再聊一下体脂率。

体脂率是健身人群比较在乎的指标，反映体脂在人体总体重的比率，体脂率低则意味着身材轮廓较为匀称，家庭测量的方法一般都是用体脂钳或者体脂秤。

体脂秤采用的是BIA（bioelectrical impedance analysis，生物电阻抗分析法），把人体假想成一个电阻，给予微弱电流，脂肪组织基本不含水，电阻大，肌肉等组织含水量高，电阻小，这样就可以用电阻抗和电容抗，通过公式来估算体脂量。一个粗浅的知识点是，电极越多，准确性越高，健身房里的6极电阻身体成分仪要比家庭用的4极电阻体脂秤准确一点。不过饮水、进食、接触面洁净程度等因素都会影响准确度，误差在2%左右。

一般我们建议，清晨空腹无饮水、穿着简便、无金属配饰、光脚测量时较为准确。

最后一个评价指标是腰围。

腰围是评价内脏脂肪和心脑血管疾病风险的常用指标。俗语说："腰带越长，寿命越短。"腹部皮下脂肪堆积，意味着肝脏、肾脏、消化道附近的脂肪堆积，而这些过多的脂肪可能会影响内脏正常的代谢功能。我国建议男性应将腰围控制在 90 厘米以下，女性 85 厘米以下，如果超过基准，则称之为中心性肥胖，也叫作苹果型肥胖，这一类人的心血管疾病风险都会较高。

正确的腰围测量方法是：去掉衣物，保持正常呼吸，放松身体，找到侧面肋骨下缘和胯骨（胯）上凸起，连成一条线，取中点绕腹部一周。

如果你想要减重，千万不要只拿体重下降作为评价指标。我的建议是在这三个指标中任选两种，按照一定的时间维度去记录变化。

比如我在提供减重咨询服务时，就遇到一个对自己体重变化很在意，甚至有点偏执的女性。体重稍有增加就开始减重，BMI 在 23.6 左右，采取节食的方法，不吃肉，但不运动，一段时间后体重下降了，但肚子上的肉丝毫没有减少，体脂率依然保持在 25%~26%。体重下降，体脂率不变，这意味着肌肉含量可能下降，反而影响健康。

选择两种指标进行记录跟进，能有效地避免掉入"体重陷阱"，也能更好地平衡减重心态。

根据科学研究和我的工作经验，我们发现只有 17% 的减肥人士能够实现真正意义上的减肥成功，这是什么意思呢？

我们把体重从肥胖状态到体重健康并且维持两到三年称为减

肥成功。这也意味着减肥十有八九会出现反弹，因为大家常用的是短、平、快的减重方法，第一种不吃饭，第二种疯狂运动，第三种不吃饭兼疯狂运动，一旦恢复到正常饮食，恢复以前的生活习惯，体重立马就回去了。

我们意识到，肥胖不是一个人的问题，肥胖也是全球性的难题。根据世界卫生组织的数据，2016 年全球有 19 亿人超重，肥胖的人有 6.5 亿；而根据 2010—2012 年中国居民营养与健康监测数据，中国有 3.2 亿人超重，BMI ≥ 28 属于医学肥胖的人有 4600 万，成人超重率在 30%，肥胖率在 11% 左右，这就意味着十个中国人里就有一个人体重超标。

为什么胖的人越来越多？为什么你会突然一下子身材走样呢？

我们一起来探究下发胖背后的原因。

体重维持的基础是能量守恒定律（见图 4-16），你吃进去的很多东西会转化成能量，能量以体温或者运动产生的二氧化碳、水等形式排出，如果没有被消耗就会存下来，变成脂肪或其他能量形式。

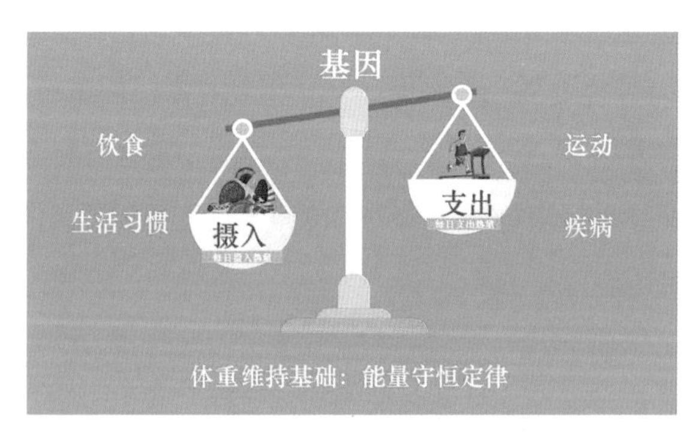

图 4-16　体重维持的基础是能量守恒定律

第一个影响因素就是基因，你有没有偶尔想过这样一个问题："我为什么不像明星那么好看？"因为你不是他爸妈的孩子啊。为什么有些人天生体重比较轻？因为他们的基因导致部分激素偏高，基础体温比常人高，消耗的热量也多，在体重维持上就胜过常人一筹。

第二个影响因素是饮食，第三个是生活习惯，这两个都是影响我们每天热量摄入的重要因素。

饮食直接决定摄入的热量高低，生活习惯也影响了我们的热量支出，比如有些人很喜欢窝在沙发里打游戏煲剧，吃高热量的零食，热量进得多出得少，自然容易胖。

热量支出，影响因素主要是运动和疾病。

比如说甲状腺功能亢进，也就是甲亢，这些病人体温升高，会消耗大量热量，也就容易变瘦，与甲亢对应的甲减（甲状腺功能减退），很容易导致浮肿，使体重上升。

至于运动，大家常认为运动就是去健身房跑步。但如果你觉得在跑步机上走 30 分钟就是运动了，回家就能继续躺着，这只能算作活动。

观察性的经验也告诉我们，运动量大、每日步数多的人体重容易保持平衡，久坐、经常躺着、足不出户的人则较易肥胖。

可以看一下科学层面的佐证，2000 年以前中国人肥胖问题不算严重，自从我们和世界接轨，收入上升、生活改善，体重也开始飙升，原因之一是每日摄入的热量大幅增加。

1980 年中国每天人均摄入热量约为 1940 千卡，到 2013 年上升到 2466 千卡，中间有 500 多千卡的差距，请注意这还是人均。这 500 多千卡相当于每天多吃了 3 碗米饭，你比爷爷辈的人每天多吃 3 碗米饭，干的体力活还比他们少，体重上升也在意料之中。

其次，中国人的运动量急剧减少，越来越懒得动了，比如以代谢当量为例，我们通常用代谢当量（METs）表示身体活动的强度。代谢当量越高，意味着个体平时身体锻炼时间长强度大，静坐时间相对也更少。而数据显示 1991 年和 2010 年相比，十多年间中国人平均代谢当量从 480METs 变成了 250METs。

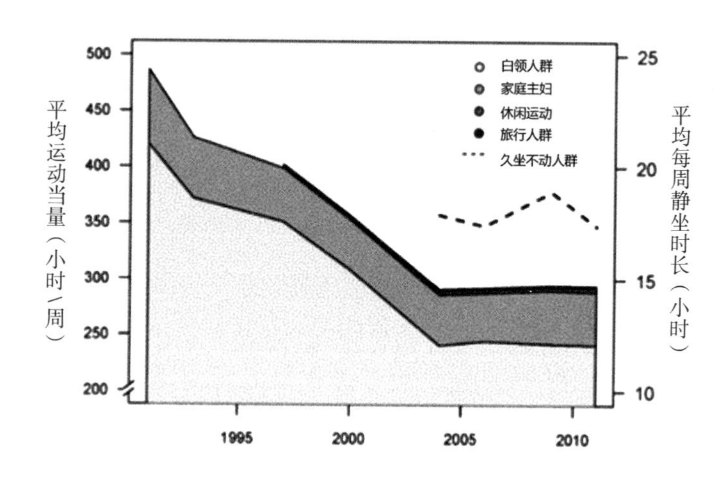

图 4-17　不同年份每周运动当量与静坐时长的变化

注：运动强度的单位为代谢当量（METs），是以静态时每 1kg 体重摄氧量（3.5ml/kg/min）为 1METs 所设定；平均代谢当量越高，说明运动强度越高、时长越长。

科学减重

普通人大多都能告诉你如何减肥：少吃，不吃晚饭，水煮食物，上私教课，跑步。但请大家注意，这些方法是否科学、安全？是否能长期坚持？是否对人的健康有益？

目前医院最常用，也是最安全稳妥、依从性高、兼顾营养的减重饮食方法是限制热量平衡饮食（calorie restrict diet，简称CRD）

CRD 目前有三种类型：

（1）热量按比例递减 30 ~50%；

（2）每日减少 500 千卡热量；

（3）每日摄入 1000 ~1500 千卡热量。

对于普通人来讲，每日热量摄入在 1400 ~1600 千卡左右是比较稳妥的，尤其适合 BMI 在 24~27.9 之间的人，如果 BMI ≥ 28，建议在医院营养科指导下减重。

CRD 执行有四大关键点：

第一，保证充足的蛋白质摄入，每日蛋白质要达到 1.2~1.5 克 / 公斤；

第二，减少明显的脂肪摄入，比如肥肉、油炸类食品；

第三，以复杂碳水、全谷物粗粮为主，减少精制糖摄入，保证食物多样化；

第四，增加蔬菜、水果、燕麦等富含膳食纤维的食物摄入。

CRD 遵循了平衡膳食的模式，只是控制了分量。如何最简单地践行 CRD，其实中国营养学会早就给了我们答案。

按照中国居民平衡膳食宝塔，每日食用食物量取最小值，热量刚好处于 1400 ~1600 千卡之间，也就是：奶制品 300 克，豆制

品 / 坚果 25 克，畜禽肉 40 克，水产品 40 克，蛋类 40 克，蔬菜 300 克，水果 200 克，谷薯类 250 克。请注意，这里面所有克数都是可食用部分的重量。

平衡膳食要求的第一点就是食物多样，分量合理。试想一下你在外面吃东西的时候，是不是很容易出现这种情况：找一家兰州拉面店，拉面分量很大，上面有几片牛肉，蔬菜少得可怜，这样的食材搭配就很单一了，更别说长三角地区的葱油拌面了，连肉都没有。

所以一日三餐，吃饭之前你要先想一想：食物种类是否过于单一？分量是否过大？加工是否高油高盐？

很多人看到这里还是不太懂，其实你考虑用模块化的方式安排饮食就可以了（见图 4-18）。

图 4-18　模块化饮食安排

一日三餐以谷薯类 + 高蛋白 / 高水分食物 + 高纤维 / 高水分蔬果这样的三大模块来安排，一般就不容易出错了。

比如早餐你可以这样搭配：谷薯类可以在蒸红薯、煮玉米、全麦面包、杂粮馒头、燕麦片、面条这六种食物中选择一种；高蛋白 / 高水分食物可以选择煮鸡蛋、鸡蛋羹、豆浆、牛奶、昨晚晚餐剩下的青椒肉丝，你甚至可以直接做个青椒肉丝面；至于高纤维 / 高水分蔬果，出门的时候吃半个手心大小的坚果，或者带一个拳头大的苹果到公司。这样搭配起来就轻松多了。

中餐、晚餐都可以按照这样的模块化规则来安排，只需要注意一点，相同食物就没必要重复了，早餐吃了鸡蛋，晚餐就不用再吃番茄炒蛋了，换成清蒸鱼、鲫鱼豆腐汤这一类的就挺不错。

最后再跟大家讲一些简单的小贴士。

- 学会看配料表 / 营养成分表

麦片是蛮不错的粗粮食品，很多人减肥的时候都爱吃，但一不留神吃到的就是水果麦片、复合麦片，这时候去看一下外包装的配料表，你会发现配料表第三位就是白砂糖，这种添加了精制糖的麦片就不适合减肥的时候吃了。要选加工度低，配料表简单的全燕麦食品。

- 吃到六七分饱，摄入高热量后散散步

我们建议每一餐吃到六七分饱，没有必要追求吃到撑，如果两餐之间又饿了，可以吃一些低热量的蔬果过渡。我是四川人，平时也喜欢吃火锅，火锅对于普通人来说很难保证低热量，吃完以后呢，我一般就会从火锅店骑车回家，或者拉上朋友逛一逛，散散步消消食。

- 多吃天然食物，少吃加工食品

和天然食物相比，加工食品确实会带来更多热量。比如新鲜水果和果汁，哪怕果汁不额外加糖，压榨后的果汁，果胶含量减少，糖分增加，和新鲜水果相比，肠道中吸收糖分的速率也会变高，从而产生负面影响。

- 聚餐时，先吃蔬菜，再吃肉，最后吃米饭

中国人爱社交，聚餐是必不可少的，如果是安排好的聚餐，可以在饭前一小时，先喝 200 毫升牛奶或者半个手心的坚果垫一垫，上桌后先吃蔬菜，再吃肉类食物，最后再吃米饭等主食，这样能够控制食欲，降低总热量的摄入。

最后我们来总结一下核心观点：

（1）学会衡量肥胖是首要任务，BMI、体脂率、腰围三选二作为减重目标，避免体重陷阱；

（2）搞懂“为什么我们会胖”从而综合解决肥胖问题，从饮食、运动、生活习惯等多方面下手改变才能科学减重；

（3）CRD 基于平衡膳食的原理，更安全有效，可持续进行，每日 1400 ~1600 千卡的热量摄入对常人较为适宜；

（4）模块化谷薯类 + 高蛋白 / 高水分食物 + 高纤维 / 高水分蔬果饮食模式，食物多样，即可安排出简单的减重三餐。

希望大家都能有所收获，能做到科学减重，越吃越瘦。

参考文献

[1] Josef S，Patrick S，Kairsten F，et al. The global nutrient database：availability of macronutrients and micronutrients in 195 countries from 1980 to 2013[J]. The Lancet Planetary Health, 2018, 2(8):353–368.

[2] Ng S W，Howard A G，Wang H J，et al. The physical activity transition among adults in China：1991–2011.[J]. Obesity Reviews，2014，15（Supplement S1）：27–36.

[3] 中国超重肥胖医学营养治疗专家共识编写委员会 . 中国超重 / 肥胖医学营养治疗专家共识（2016 年版）[J]. 糖尿病天地（临床）, 2016，8（10）：525–540.

作者简介

何思

知乎食品安全话题优秀答主，中国营养学会注册营养师，国家二级公共营养师，拥有六年线上减重、营养配餐指导经验，薄荷健康 App 原首席营养师，现负责国内知名线上医疗 App 健康管理项目。

为什么大家都喜欢去京都？

HAKU

京都建设之初就有各种各样关于怨灵的传说，后来桓武天皇使用了从中国传到日本的各种风水知识以及咒语，所以可以看到平安京的大门和我国古代建筑名字相同。

赴日旅游有非常多目的地可供选择，比较热门的有汇聚潮流时尚的东京、美食云集的大阪等。除了这两个城市外，具有日本特色的古都更能领略到和风特色，因此也被大多数游客列为必去的景点，比如日本的“千年古都”京都、“寺社之都”奈良、镰仓时代的都城镰仓等等。

京都从公元 794 年到 1868 年一直都是日本首都。长时间的历史积淀让京都拥有数量庞大的世界遗产。

日本自由行前我们需要了解什么呢？大部分游客都是在网上参考攻略设计自己的行程，往往到一个景点就简单地拍张照片留念。虽然一天可以去更多的景点留念，可这样不仅自己累得够呛，回到家里也无法跟亲朋好友介绍，就只是去过而已。自由行玩成了跟团游，也就失去了自由行的意义。

前往古都旅游，除了线路需要做功课外，还需要储备一些什么知识呢？

关于古都的历史

日本首都东京，江户时代作为武家政权象征已经有了上百年历史。虽然留下了不少的遗迹，但是相比于京都，东京少了些许历史厚重感，现在更多给人一种年轻时尚的感觉。

我们主要来说说东京之前的都城：以长安、洛阳为基准而建造的城市——京都。

隋朝开始，有非常多的日本留学生来到长安学习，当时长安是全世界最繁华、昌盛的都市，他们来这里不仅学习文化技术、经验，还把这些文化技术和经验带回到日本，修建了平城京（奈良）和平安京（京都）。对西安地形熟悉的游客会发现京都的地理走向同长安城非常相似，建筑也有相像之处。长安城有玄都观和大兴善寺，平城京有药师寺和大安寺，平安京有西寺和东寺。

三个城市还有一个相似之处，值得大家关注。据传，长安城是宇文恺根据乾坤八卦所建，东南处属水。长安城东南有曲江，平城京东南是越田池，平安京却是河流鸭川，跟前两个城市的庭院湖泊不同。平安京建设者考虑到这点，在大内里（皇宫）的右下角修建了神泉苑，因此三座城市大体相似。

关于古都的传说

京都建设之初就有各种各样关于怨灵的传说。

第五十代天皇桓武天皇在平城京继位后，立其弟早良亲王为太子。当时权臣藤原家在贵族和奈良佛教僧众中有着非常大的影响力，天皇的权威日渐低落。迁都是桓武天皇的计划之一，天皇想借此脱离平城京，远离贵族和僧众的影响。

迁都目的地选为平城京以北 40 千米的长冈京（现京都府向日市、长冈京市附近）。但是在城市建设完成之前，负责人藤原种继被人暗杀，这个案件据说跟奈良佛教集团关系密切，嫌疑人之一的桓武天皇的弟弟早良亲王首先被捕。即使早良亲王申辨自己无罪，但还是被发配到了淡路岛，在被移送的路途中含恨而亡。还有一种说法指向桓武天皇，认为他为了让自己的孩子顺利继位而冤枉早良亲王。

经过这一系列的政治事件，长冈京的建设还在继续。但是这个时候接连出现干旱、瘟疫等天灾，皇长子、皇妃病死等事件。阴阳师占卜得出结果，这一系列事件是早良亲王怨灵所致。虽然举行了镇压怨灵的各种仪式和祈祷，但还是无济于事。因此天皇决定重新建造都城平安京并迁都。长冈京十年都城使命到此结束。

因怨灵作祟而不得不放弃长冈京的桓武天皇，非常重视都城针对怨灵的守护能力，使用了从中国传到日本的各种风水知识以及咒语，所以可以看到平安京的大门和我国古代建筑名字相同。

● 玄武（北）

蛇卷龟是玄武镇守北门的神兽，平安京设置了玄武门，北部船冈山设立玄武神社，因此船冈山被称作玄武之地。

● 朱雀（南）

朱雀乍看是鸟的形态，是守护着南方的神兽。朱雀也可以视作凤凰。皇宫向南的一条大道被称为朱雀大路，直接延伸到朱雀门。

● 白虎（西）

镇守西边的神兽，以白虎姿态出现，它守护着西边木嶋大路等主要街道。平安京西边有座松尾大社，用于祭祀白虎。

● 青龙（东）

被称为东海龙王的青龙，是守护东边的神兽，象征绿色。和西面的守护陆路的白虎相对，青龙守护着水路。平安京东边就是我们熟知的鸭川。

北边是船冈山，西侧是木嶋大路，南边是巨椋池，东侧是鸭川。从中国古文化来看，平安京属于“风水宝地”。按照当时兴盛的阴阳道理论，东北方位属艮位，是鬼怪的入口，京都东北方兴建的比叡山延历寺就是为了封闭这道“鬼门”。天台宗开山始祖最澄封印了这里的魔物。

可见当时人们对怨灵非常恐惧，才做了这么彻底的保护措施封印怨灵。京都一直有非常多的鬼怪传说：有遭受不公给京都带来灾祸的崇德上皇、菅原道真、平将门，也有收服妖怪的大师小野篁、空海和尚、阴阳师安倍晴明，妖魔鬼怪组成的百鬼夜行部队等。

京都的每一条小路，每一个寺庙，每一个神社，即使很不起眼，在历史中可能都留下了很深的印记。

位于京都西阵町中的称念寺，在京都算是非常不起眼的小寺庙。这座寺庙在江户时代因《猫的报恩》的故事而兴盛起来，又被称为“猫寺”。寺庙创建于 1606 年，是由深受净土宗岳誉上人影响的土浦（今茨城县土浦市）城主松平信吉所建，松平信吉去世后也葬在称念寺。

松平信吉的母亲多劫姬是德川家康同母异父的妹妹，因此称念寺的寺纹同德川将军家相同，是三叶葵纹。松平信吉去世后，这个寺庙没过多久也就被松平家忽视了，寺院慢慢开始衰败。到了第三代住持还誉上人之时，财政已经非常困难，但是寺院内还养着一只猫，住持宁愿自己少吃一点也要给猫喂饱。

一天夜晚和尚化缘回寺，看到一个身着高贵和服的像公主一样的人翩翩起舞。和尚吓了一跳，仔细一看，竟是饲养的那只猫的影子。和尚怒吼道：“寺院都这样了，你还有心情跳舞！”然后把猫赶走了。

没过几天，猫给和尚托梦：“过几天会有一个武士来到这里，只要好好招待，寺院一定可以兴盛。”如梦中所示，没过几天真的来了一位武士，并告诉和尚他女儿去世之后希望葬在这里。就这样，寺庙又同松平家建立了联系，财政困难的局面得到了缓解。

经过千年的发展，京都也有了很大的变化，但是城市的基础却一直保留。

京都攻略

制作行程之前，很多人面对京都非常多的景点会手足无措，毕竟游玩天数有限，不知道该选择去哪一个。

下面是京都的五类代表景点。

- 建筑美：元离宫二条城（见图 4-19）、宇治平等院凤凰堂、仁和寺
- 园林美：龙安寺、醍醐寺（见图 4-20）、诗仙堂
- 西洋建筑：京都国立博物馆（见图 4-21）、京都府厅旧本馆
- 路地：祇园的巽桥小路
- 祈福：结缘六角堂、求子安产冈崎神社

关于建筑之美，平安时代（794 —1192）的京都同奈良一样，相当多建筑都是以长安为范本建设，直到唐朝末年停止遣唐使出使才结束。日本的建筑风格根据历史需求不断变化，大的基准还是唐风，但是经过发展也有了现在看到的风格。保存至今天的

图 4-19　元离宫二条城

图 4-20　醍醐寺庭院

图 4-21 京都国立博物馆

日式建筑主要分为下面几类。

寝殿造

唐末平安时期出现寝殿造的建筑物，正如其名，是以寝室为中心而建造。平安时期的贵族非常重视生活的高雅。建筑时非常注重同自然的平衡，当今流传下来的和歌大多数都是那个年代的产物。在房间里面直接可以看到树木和庭院，这个时代的文化倾向产生了寝殿造的建筑。

这类建筑物离地面非常高，房顶使用的是和风的桧皮葺（柏树皮）的手法；建筑物不是朱红色，而是木材本身的颜色。人们进入其中就要脱鞋；寝室中没有床，直接在榻榻米上休息是寝殿造的最大特色。

晋朝民族大融合，唐朝时椅子已经进入家家户户。同时代的日本建筑舍弃了唐风椅子，开始席地而坐。

代表建筑：宇治平等院凤凰堂（见图 4-22）、京都御所紫辰殿

图 4-22 宇治平等院凤凰堂

书院造

书院造是指以书斋为中心的建筑物。跟寝殿造建筑相比面积小了很多，镰仓时代（1185 —1333，一说始于 1192）之后，武家渐渐掌握了政权。武士不需要开放的空间附庸风雅，而是有自己密闭的空间，这样才能跟大臣商议大事。房间用屏风等物品跟外部隔开，相当于门的作用。会客厅根据身份等级分为上座和下座，从房内摆设能看出来那个时期的等级分明，现存和风建筑大多是

这种风格。

代表建筑：银阁寺（见图 4-23）、西本愿寺白书院

图 4-23 银阁寺

数寄屋

安土桃山时代（1573 —1603）茶文化开始兴起，出现了像千利休这样的茶文化集大成者。这类人建造房屋的同时都会盖一座茶室，茶室体现了日本的侘寂文化。这种建筑通常房间很小，设置简单，反映了当时茶人的精神世界。

代表建筑：妙喜庵待庵、桂离宫新书院、修学院离宫

在旅游过程中，建议根据自己的喜好安排行程，一天不用赶太多景点，选择合适的景点，慢慢欣赏日本传统的积淀。

怎么游玩传统景点集中的京都才能拥有不一样的体验呢？

拥有不一样的体验就要了解景点的特殊性，京都相当多的景点有着专业的目标性。如果喜欢清酒，那么就来伏见，这里是日本三大酒乡之一，可以参观日本传统酒藏，包括我们熟悉的“月桂冠”。喜欢抹茶就去京都宇治，这里可以喝到最正宗的宇治抹茶以及最高级的玉露茶，还能参与抹茶的制作。喜欢漫画的人可以去京都国际漫画博物馆，那里收集了几十万册漫画，可供大家慢慢阅览。对日本铁道文化感兴趣的人就要去京都铁道博物馆，能了解到日本铁路的发展轨迹。

奈良与镰仓全攻略

跟京都相比，奈良、镰仓的存在感没有那么强。但是作为古都，这两个城市也有许多值得一去的历史景点。

奈良

如果对佛教和古建筑感兴趣，下列景点可作为你的目的地。

- 7 世纪建造的法隆寺是世界上最古老的木造建筑，也是现存最早的唐风建筑。
- 1709 年建造的东大寺是世界上最大的木造建筑，东大寺的后正仓院收集了很多唐朝时期的文物，多为世间孤品。
- 春日大社是日本 3000 间春日大社的总本社。
- 六渡东瀛的鉴真大师在奈良建造的唐招提寺。

如果你不想去这么多寺院，只想看看小鹿，奈良公园和若草山是最好的选择。

镰仓

平安时代结束后，武家政权走上历史舞台。源赖朝在镰仓组建了自己的幕府，但是京都还是日本都城。

短短一百年间，幕府也留下了不少的建筑。比较出名的有源氏守护神社——鹤冈八幡宫、高德院的大佛、中国伽蓝式建筑建长寺、一年四季都有花盛开的长谷寺。

镰仓大家都很熟悉，《灌篮高手》和《海街日记》等日漫日剧都曾在这里取景，吸引很多游客前往打卡。还有江之岛，如果喜欢海景，这里也是不错的选择。因为临近东京，很多人把镰仓跟东京的行程安排在一起。

古都人的性格

来到陌生地方旅游，势必要跟这里的本地人打交道。做出打扰到当地人生活习惯的行为很可能会被抱怨。毕竟是古都，生活在这里的人们思想都较为传统，规矩比较多。出行前我们不用了解太多，了解这个地方的人的性格就可以。

日本共有 47 个都道府县，每一个地方都有自己的生活习惯以及行事作风。

先说说京都。日本人普遍认为，京都人不太包容外地人，但作为旅游城市，又不得不面对外地人。其实京都人也没有那么严肃，只是生活偏理性而已，左邻右舍都会相互扶持。受历史影响，生活偏向传统。而大阪人对吃和喜剧非常感兴趣，相比其他县市，有点享乐主义的感觉。毕竟当地是商人文化，所以经常会遭到保守的京都人的厌恶。奈良的富翁较少，犯罪率也低；与京都同为古都，但是没有京都那么强的排他性，长时间为建设关西几大城市提供劳动力。当地人更喜欢安稳平静的生活，跟周边几个城市相比，奈良更像是乡下。

做旅游攻略不是简简单单罗列行程，需要对旅行目的地有一定的知识储备。不需要提前了解太多，只需要在网上了解一点关于目的地的信息就可以了，旅程中的见闻也能让自己获得独特的体验。希望大家总结出自己特色的玩法，让旅行更有意义。

作者简介

HAKU

知乎日本旅游话题优秀回答者。携程美食林评委，为大家推荐好吃不贵的当地美食。日本文化研究者，参与编写《知日·阴阳师》系列文章。

如何拥有一次特别的印度旅行体验？

楼 学

“不对高效抱有期待”是我对去印度旅行的人的建议。

为什么去印度？

很多人想到印度时，首先想到的是不安全、脏乱、食物不卫生，也有很多人会想到挂满了乘客的火车，甚至脑补出一进隧道就哗啦哗啦往下掉人的场景——这些印象在某些程度上的确反映了真实的印度，但这只是印度的一部分。

我去印度旅行有两个原因。其一，我非常喜欢一个概念，叫“遥远的相似性”。印度的地理位置决定了它会与世界上其他国家产生广泛的联系，这种联系构成了在旅行中理解这个世界的基础。

比如，希腊的造像艺术就通过亚历山大大帝的东征影响了印度。古印度十六国之一的犍陀罗最早接受希腊造像艺术的影响，很快发展成了佛教造像艺术中心之一。

犍陀罗风格从印度出发，又影响了中国，在今天新疆、甘肃的一些早期石窟或早期佛像上，我们还能找到这种高鼻、深目、卷发的佛像。而中国如今很常见的石窟、佛塔等建筑形式，很多都是起源于印度。

印度文化同样影响着中南半岛上的其他国家，著名的吴哥窟就是一座印度教的王室庙宇。如果想要对东南亚的文化有更深入的了解，印度教是非常重要的一个切入口，它塑造了这一地区最重要的一批文化遗产。

1498 年葡萄牙航海家达·伽马绕过好望角抵达印度，从此，通过航海，西方与东方进行贸易成为可能，这也被视作世界上第一次全球化浪潮的开端（图 4-24 为位于印度西南的科钦的一座教

图 4-24　科钦的教堂，曾是埋葬达·伽马的地方

堂，达·伽马曾埋葬于此）。

因此，在旅行时把印度放进我们熟悉的历史及地理背景中，我们会更容易发现什么是重要的、有趣的，遥远的印度是如何和我们今天熟悉的世界发生关联的。

我去印度旅行的第二个原因，在于印度随时提醒我保持谦卑。

我们这一代中国人，在经历了最近四十年的高速发展后，往往认为发展是理所当然的——与差不多同一时间建国的印度相比，中国的进步更迅速明显。因此，有很多中国人前往印度旅行时，可能不自觉地有一些优越感。作为理性的人，我们应该深刻地领会偏见与傲慢的代价。当我们面对印度时，如何保持一种客观、平等的心态，如何以包容、欣赏的态度去对待截然不同的文化，仍然需要更多的反思与练习。

这种误解或刻板印象往往能从我最常被问及的两个问题中看出端倪：其一，印度安全吗？其二，印度卫生吗？

性犯罪和食品卫生是最受关注的两个问题，不仅有很高的话题性，在很大程度上也具有真实性。但值得注意的是，印度是一个人口众多、幅员辽阔的国家，这意味着它的内部本身就具备很复杂的多样性，把一个国家拟人化，只赋予它一种特质，是非常不公平的。

印度有什么？

很多人想到印度的时候可能会想到宗教。认识印度最重要的一个入口就是宗教。和世界上其他的古老文明相比，印度文明最醒目的特点之一就是宗教非常“早熟”。因此，对宗教的观察和体验，是印度旅行很重要的内容。

如今，印度有几种非常值得一提的宗教。比如主流的印度教，在印度有超过 9 亿的信众，对印度乃至整个东南亚的影响都非常深远。在印度的大小城市中，你随处都能见到高耸的印度教神庙，在瓦拉纳西、布巴内什瓦尔这类宗教圣地，神庙更是多到每走几步就有一处的地步。我们熟悉的恒河就是印度教的圣河，印度教徒都希望死后可以在恒河边火化，再把骨灰撒入恒河之中，或者一生中至少去恒河里沐浴一次（见图 4-25、26）。

更深层次的影响体现在由雅利安人设立的种姓制度上。尽管种姓制度在今天的印度已经褪色，但仍然在很多方面都有着“魅影”。我曾在印度的一个中餐馆吃饭，发现这里的每一个服务员几乎都只负责一件事，有的人开门，有的人递菜单，有的人上

图 4-25　恒河夜祭

图 4-26　恒河沐浴

菜，在我等待点餐的时候，我希望有人可以帮我倒一杯水，连问了几个服务员都没有回应。我想这就是种姓制度在现代印度的一个缩影：不在自己职责范围内的事绝对不做。种姓制度本身是职业分工的体系，可是到了后来，该制度被统治阶级利用，逐渐变成压迫“吃人”的残酷制度。

印度的第二大宗教是伊斯兰教，主要在印度的北部流行。在伊斯兰教刚刚兴起的时候，就有阿拉伯商人把这一宗教带到了印度的西南海岸。后来，北部伊斯兰教逐渐变成了印度北部的主流宗教之一。伊斯兰教虽然不是印度的本土宗教，却为印度留下了“最印度”的地标。16 世纪时，中亚人巴布尔混合了古代最能征善战的两大血统，却没能在中亚老家站住脚，但意外地在印度建立了一个莫卧儿帝国。莫卧儿皇室信奉伊斯兰教，但对其他宗教也比较包容，因此创造了印度文化非常繁荣的时期（见图 4-27）。印

图 4-27　海德拉巴的伊斯兰建筑

度最著名的地标泰姬陵（见图4-28、29）就是由莫卧儿帝国的第五位皇帝沙贾汗为妻子建造的。

但遗憾的是，如今的伊斯兰教信众和印度教信众没能延续莫卧儿帝国统治时期的和谐相处，对抗事件经常发生，宗教冲突是印度社会中比较严峻的问题。

而中国游客最关心的一定是佛教，这一宗教深刻地影响了中国乃至整个东亚地区的历

图 4-28　泰姬陵

图 4-29　泰姬陵

史。佛教其实属于广义的印度教的一部分，因为它的许多理念来自印度教，但佛教的诞生本身是为了反对印度教，比如印度教讲究“梵我同一”，佛教就说“无我”，“我”根本就不存在；印度教要讲种姓制度，佛教就反对，要宣扬众生平等。

但佛教在最近一千年里由于宗教竞争、战争破坏等原因，在印度已经绝迹了。如今在印度仍然能够看到的佛教，基本上是近现代以来为了反抗种姓制度而重新恢复的。

在印度中部的桑奇有一座建造于公元前 3 世纪的桑奇大塔（见图 4-30），可以说，它对我们今天在中国见到的佛塔都有重要影响，而前往这座佛塔的游客，也多是东亚面孔的中国人、日本人、韩国人。在其他的佛教遗址，比如菩提伽耶、那烂陀，也经常能看见来自东亚的“礼佛团”，可见很多游客在选择目的地时，总会倾向于选择那些和自己的认知发生关联的地点。

图 4-30　桑奇大塔

印度还有一个比较小众的宗教叫作耆那教，耆那教和佛教差不多同时诞生，但对印度社会的影响更大。因为耆那教的教义中有“非暴力”的雏形，这个概念后来被甘地继承，成为理解现代印度不可忽视的一部分。

另外还有一个比较重要的宗教是锡克教。裹着头巾是锡克教徒最醒目的标志之一，直到今天，要进入锡克教圣地金庙的人仍然会被要求裹上头巾（见图 4-31），印度的上一任总理辛格就是锡克教教徒。这一宗教的教徒不多，但非常团结，教徒中涌现了很多富商，堪称印度最富有的一群人。

图 4-31　阿姆利则的金庙是锡克教圣地

理解了宗教的基本背景后，就可以按图索骥，了解前往印度旅行可以看什么、怎么看。

在印度玩什么？

印度最经典的旅行路线就是“金三角”，由新德里、阿格拉和斋普尔组成。一般来说，第一次去印度旅行的人都会选择这条线路，在一周左右的行程中可以看到大约十处世界遗产，非常精彩。如果还有额外的两三天，还能补上恒河圣城瓦拉纳西，基本就涵盖了大多数人熟悉的旅游城市了。

德里是著名的古城。在历史上，德里也是许多王朝的首都，以至于今天的德里城内有 6 个不同时期的城市遗存，而我们所熟知的新德里是 1911 年时从加尔各答迁都而来，由英国设计师规划设计。德里拥有三处必看的世界遗产，分别是红堡、顾特卜塔和胡马雍陵，均是伊斯兰建筑。古城阿格拉最著名的建筑就是泰姬陵。白色的大理石表面镶嵌着大量来自中国的玉石和水晶，以及中国西藏地区的绿松石，除此之外，还有中东的红玉、阿富汗的青金石等等，堪称亚洲矿物的集合体。斋普尔是著名的粉色之城，它所在的拉贾斯坦邦是印度旅游业最发达的区域之一，我们熟悉的蓝色之城、金色之城都在这个邦，是旅行者最喜欢的区域（见图 4-32、33、34、35）。

从“金三角”一路向东可以到达恒河河畔的瓦拉纳西，这是印度教最负盛名的圣地。附近的鹿野苑是佛教的四大圣地之一，如今印度国徽上立有四头狮子的阿育王柱就陈列在鹿野苑的博物馆里。从瓦拉纳西继续向东的路线也非常精彩，比如比哈尔邦就有中国游客非常喜爱的菩提伽耶——佛祖悟道之地，还有玄奘抵达过的王舍

图 4-32　斋普尔的“风之宫殿”

图 4-33　斋普尔的琥珀堡

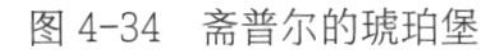
图 4-34　斋普尔的琥珀堡

图 4-35　斋普尔的市场

城。再往东可以到达加尔各答，这里有非常多值得一看的博物馆，也是特蕾莎修女工作的地方。

以上就是前往印度北部旅行相对主流的线路，大多数游客都集中在这一区域。

但印度南部其实也有很多小众的可以游览的地方，游客很少，语言复杂。英语和印地语虽然是印度最重要的官方语言，但在很多地区，这两种语言都用处不大。一张印度纸币上印出的语言就多达 22 种，我们在每一个邦看到的文字（甚至包括数字）都不一样，因此，很多印度人都非常羡慕中国有普通话，印度人在本国旅行甚至都可能遭遇语言难题。正因如此，语言的多样性也是印度的一大特色。

在印度南部，我最推荐的目的地是泰米尔纳德邦，英国广播公司评价它是“世界上最后的古典世界”。如果去这里旅行，你会发现这里就像一个“平行世界”，尽管道路上跑着摩托车、汽车，但一进入寺院内，你就会发现这里的宗教氛围甚至比北部地区更加浓厚。这里居住的人普遍皮肤黝黑，身材比较矮小，他们其实是印巴次大陆上最早的主人——达罗毗荼人。有学者认为，在大约 3000 年前，随着雅利安人的入侵，他们就持续地向南迁徙，最终抵达印度半岛的最南端。因此，如今的印度南部其实在文化、种族的属性上更接近“印度河文明”的那个“印度”。

还有一座城市非常值得一提，那就是新德里附近的昌迪加尔，它也被列入了世界遗产。这座城市非常能代表印度的现代史，它的诞生就源于印度现代史上最重要的事件之一：印巴分治。在 1947 年，巴基斯坦从印度分离出去之后，印度旁遮普邦的首府拉合尔被划入了今天的巴基斯坦，因此，印度在北部的空旷地带重新规划设计了一座新首府，就是今天的昌迪加尔。当时在设计这座新城市的时候，尼赫鲁总理就选择了非常前卫的法国建筑设计师柯布西耶。这座城市能代表印度人对现代文明的追求。

在印度怎么玩？

在了解了印度的旅游资源之后，我们就可以做旅行规划了。

首先我提醒大家注意印度的气候问题。受到西南季风的影响，每年的 6 月至 9 月是印度的雨季，如果选在这一时期前往印度，那可能会见识到当地非常糟糕的一面。很多城市的街头都有污水横流的露天公共厕所，没有任何人想要在暴雨里趟过这样的污水。而在雨季来临之前，大概 4~5 月是印度最热的时段，很多地方的温度都会超过 40 摄氏度，这种酷热比中国的火炉城市还要难以忍受。所以，适宜出行的时间是每年的 11 月至次年的 3 月，这一时段气候凉爽舒适，唯一的缺点是酒店房价比较高。

从 2019 年开始，印度向中国游客提供非常便利的签证政策，可以花费 80 美元办理 5 年多次电子签，很适合搭配周边国家（比如尼泊尔、斯里兰卡）一起游玩。同时，单次电子签的费用也降到 25 美元，只需要按部就班地填写信息就能办理。但需要注意的是，申请签证时需要填写职业情况，类似记者、摄影师这类职业很容易被拒签。甚至有游客背着单反入境印度时，也可能会遇到出入境官员的盘问。

在机票方面，淡季时完全可以在 2000 元内往返印度，旺季时的预算可以适当放宽到 2500~3500 元。中国已经有一些城市开通了往返印度的直航，比如在上海可以乘坐东航往返德里，但票价偏高。比较经济的方式是选择亚航，经由吉隆坡转机，从吉隆坡往返金奈、加尔各答的机票常年只要几百元。因此，对于时间较充裕、不介意廉价航空公司及转机的游客，更推荐搭乘亚航前往。目前，成都、昆明也有飞往印度的直航航班，会比从北京、上海直飞更便宜，也是一个可供参考的选择。

在着装方面，由于行程中会经常出入各种寺院神庙，因此建议穿一双方便穿脱的鞋子（普遍需要脱鞋入内）。不要穿无袖的上衣及未过膝的短裤，这会给你参观宗教场所带来许多不便。事实上，以印度太阳的毒辣程度，长袖、长裤也是很好的防晒方式。

在饮食方面，尽管路边摊是一项颇具冲击力的文化体验，但我还是建议初访印度的游客按部就班——先选择那些更贵、更干净的餐厅，然后再慢慢去尝试更具当地风味的食物。吃坏肚子本身并不恐怖，对有洁癖的游客来说，在印度寻找一个干净的公共厕所可能是更令人崩溃的体验。事实上，印度也有非常好的餐馆，人均 30 元钱在印度就可以在干净体面、有空调、有无线网的餐厅就餐，餐饮消费不高，而类似烤鸡、拉西酸奶这样的印式料理还能给你留下颇为惊艳的印象。

在住宿方面，印度呈现明显的两极化特点：在一两百元的预算下，很难找到像国内水准的快捷酒店，但如果把预算提高到 400 元以上，有很多国际品牌的星级酒店可供选择，其价位要远比国内同档次的星级酒店便宜得多。我非常建议大家在预算充足的情况下，每隔几天安排一次足够好的酒店住宿，这样能在很大程度上缓解初入印度时的不适感。

在印度旅行，最“特别”的体验，就是凡事都自己来——从准备攻略到安排行程，亲自操作将会非常有成就感。结合朋友们和我独自前往印度的旅行经历，大家普遍认为在印度有三件小事是非常令人崩溃的：其一是银联取现，其二是办理电话卡，其三是购买火车票。事实上，这些小事都可以很方便地通过国际信用卡或淘宝解决，无非多花一点手续费而已，但我却很愿意从类似小事中给自己找麻烦。

好在最近几年因为银联的进步，取钱的烦恼基本已经解决了，再也不会遇到在街头找几十台自动提款机都不能取钱的尴尬情况。但办理电话卡和购买火车票仍然非常令人头疼。我曾经试过找了十几家通信运营商的商店都办不出一张电话卡，有的不能为外国人办理，有的要求本地朋友出具介绍信，有的在谷歌地图上标注了，但实际上根本不存在。哪怕找到了正确的店铺，遇见一位擅长英语沟通的店员，在运气非常好的情况下，顺利办理一张手机卡仍可能花费一小时以上的时间——要填写许多表格、签许多字。你总是很难预料到下一次麻烦是什么，因此，“不对高效抱有期待”是我对去印度旅行的人的建议。这其实是游客了解印度社会的重要方式：这类烦恼在当时是非常难以忍受的，但在事后回想起来，你会觉得这是印度旅行最令人印象深刻的一部分。

还有一个困难就是购买火车票，我三次前往印度，总结的经验都不一样。穷游网上有人总结了印度铁路的知识，密密麻麻写了几十页，这绝不是几千字就能说清楚的，但却体现了印度铁路与中国铁路截然不同的两种思维，两种文化逻辑的对比极其有趣。甚至连如何注册印铁账户、如何使用国际信用卡支付等细节都可以成为大家热议的话题，可见印铁的系统确实不太便于操作，但如果凭借自己的能力搞定，将是非常有成就感的——这不仅是在印度旅行必备的一项关键技能，同样是深入了解印度的一大步。

印度的宣传语是“不可思议的印度”，这可能是世界上最成功的旅行宣传语之一——它非常真实地传达了印度的美好与不堪。“意料之外”是旅途中最迷人的部分：有时候，你想象不到印度竟有如此壮观的文明杰作，泰姬陵的优雅必须亲见才能领会；有时候，你也想象不到印度竟能如此散漫低效，任何一件琐碎的小事都可能耗尽你全部的耐心与精力。但这就是印度最大的魅力，当你身处其中的时候，它无时无刻不在提醒你，这里是印度。

作者简介

楼学

知乎旅行话题优秀答主 Luke LOU，现为《孤独星球》（*Lonely Planet*）中文作者，自由撰稿人。从中科院地理所的“地图工人”到职业旅行者，几年间三次前往印度旅行，沉迷于当地丰富的人文史迹和独特的社会状态，如今正通过《地道风物》《旅行家》等媒体分享所见所闻。

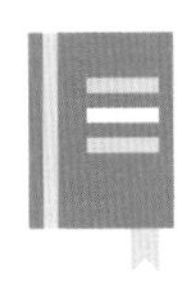

如何打造舒适的家居生活体验？

王振博

要想装修得更舒适、更好看、更耐用，就要花该花的时间，花该花的钱，找最合适的帮手。

重新认识装修这件事

更新装修认知

说到装修，大多数情况下指的都是对打算自住的房屋进行施工改造。无论预算多少，时间紧不紧张，我们的核心诉求其实都是一样的，那就是在承受能力以内，尽可能地把房子装修得好看实用，住着舒心，少出问题。

一个打算装修的新业主，最常遇到的难题其实就是那些难以用以往的工作生活经验解决的客观性问题，我们需要先想办法搞清楚自己想要什么，然后再想方设法地按计划实施。

如果从最前置的居住需求开始细分，那么，带有过渡性质的年轻人的首套自住房、若干年后的第二套自住改善房、父母长辈住的改善性住房，这几种情况下的装修逻辑和需求优先级通常都是不一样的。所以，不同年龄阶段，不同预算水平，不同生活习惯和消费观念的业主，对于装修的需求存在极大的差异。

这不只体现在完工后表现出来的装饰审美上，从一开始的硬装预算的分配重点开始就已经明显不同了。所以，别人家的装修经验，能直接套用到你家的，大多数情况下只会是细枝末节，而不是基础逻辑和方案框架。

在装修市场上，我们最容易接触到的能为你提供一些帮助的角色，可能包括装修公司内部的项目经理、设计师、监理、工长，有本地市场的建材供应商，也有异地建材商，有独立设计师或者设计工作室，有个体包工头，有时也有第三方装修监理。

这些人里面，能真正帮到你的，多数情况下只会是少数负责任的工长和一些稍有经验的项目设计师，大多数施工队最多是按市场上目前通行的标准干活，不恶意偷工减料就可以庆幸了。在已知报价及上限的情况下，工长都不太愿意配合业主和设计师的一些新想法，更不可能主动去升级工艺工序。

从业主自身的角度来说，很多人筛选装修公司的时候，只谈价格不问标准，没说方案先要总价，没有计划仓促开工，没有开工就先付 80% 以上的装修款，这些都是随后出现装修品质问题的重要原因。

一个残酷的事实是，虽然装修花费可以没有上限，但对于特定的一套房子和一家人来说，装修入住预算是有理论下限的，太低的话没有办法做到既美观舒适又环保耐用。

当然如果业主自己有时间，有意愿，也有学习能力，也可以自己做功课成为半个设计师，这种情况下如果再有一个有经验的人帮你出出主意，装修出大问题的可能性就会小很多。

所以，当我们拿到房子打算装修时，第一步其实不应该是筛选装修公司，而是进行充分的需求梳理和资源储备。比如明确一下自己的时间精力、资金预算、装修经验、可求助对象等等，尽可能地减少仓促决策和盲目开工。

装修成本的构成

在实际操作中，装修好一套用来自住的房子，需要付出各种各样的成本，这件事的复杂程度，很容易被我们低估。

抛开大家容易理解的直接费用不谈，其他类型的装修成本，还包括时间精力成本、机会成本、风险成本和交际成本，当然也包括在装修中不断消耗着的热情和耐心，我把这些统称为隐性成本。

装修中的隐性成本经常会被大家忽视，而且很多人也没有意识到，房价高昂的时代，自住房装修中最昂贵的成本其实是机会成本。

我们花几十万甚至几百万买的房子，一旦开始装修，就意味着要有人做出各种决策，而不合理的决策方式和决策习惯，可能会增加最终的综合成本，同时也掐灭了其他可能性，让居住品质的上限被人为压低。

所以一般我都会劝告身边的亲友和咨询客户，不要一收房后就慌忙开工，磨刀不误砍柴工，平时在业主群里多留意一下大家吐槽的装修问题，参加一些装修交流活动，去看一些装修中的实景，去触摸感受一下不同品质等级的同类建材，会对你的装修进程有非常大的帮助。

至于装修中的风险成本，其实指的是出现隐蔽工程质量问题和人身安全问题的可能性。

如果找好了施工方，无论是装修公司还是个人工长，都最好按照经过审批的装修图纸和施工规范进行墙体拆改、过梁开孔、结构搭建、换窗封阳台、防水工程和闭水试验等施工项目，尽量避免留下使用隐患，避免施工安装人员出现人身意外伤害。而对于自己找工人干活的业主来说，整个装修过程中所有可能出现的意外情况，都需要自己想办法处理和承担责任。

即使是常规施工项目，也有可能出现一些人身伤害，比如电动工具造成手臂、手指受伤，砸墙和切割瓷砖、木板的过程中碎屑飞入眼睛，吊顶和其他登高作业时跌落等意外。

而且，不论是谁负责装修，施工现场的消防安全也不容忽视，装修垃圾和灰渣要及时清扫处理，或者至少要堆放在一个地方，避免遍地垃圾，施工现场要严格禁止吸烟，而且要配置灭火器。

前一段时间一位客户家就出现了无人在家期间垃圾堆着火的

情况，直到两天后我去现场才发现，刚装修完的家里几乎所有地方都被烟熏了一遍，万幸的是地面铺的是瓷砖，而且烧着的垃圾堆距离最近的柜子还有半米距离，不然后果不堪设想。

还有就是装修中的交际成本，可能很多朋友觉得陌生，但其实这是个常见的概念。比如装修时找了朋友的朋友的装修公司，结果因为预算报价前后不符或者是因为验收标准的问题发生扯皮。要么不去顾及朋友的面子，要求彻底解决，对方却因费用和工期的原因不好好配合，结果朋友也做不成，装修也没搞好；要么碍于面子，自己忍气吞声，结果装修完了满腹遗憾，悔不当初。这点请那些太好说话、不好意思沟通的业主一定要重视起来，该维权就维权，记得这是你花大钱买的房子，是你自己未来要住的家。

最后，送大家一句我自己总结的经验：认识真实需求，明确成本边界，注意区分主次，动态调整细节。

去风格化装修与个人审美的融合

装饰风格是什么

不论是哪种所谓的装修风格，通常都需要有一定的识别度，也就是说有一些要素特征，能够体现出呼应和延续。

对于大多数普通业主来说，装修中的硬装审美和软装审美是可以分开考虑的。硬装设计可以更基础更中性，更耐用更好维护，而软装设计的自由度相对更大，业主自己的决策话语权可以占主导。不论装修完以后其他专业设计师觉得你家怎么样，你自己喜欢就够了。

有的时候，太过系统的全案设计因为设计费用高，实现成本也高，变动余地还比较小，会让业主在装修中进退两难。软硬装分离的概念，其实更适用于还不清楚自己到底想要什么风格的装修业主。

在实际装修过程中，硬装审美（如图 4-36）更多地体现在宽高比例、造型形状、装饰线条、照明层次和照明点位上。靠瓷砖石材、油漆涂料、壁纸壁布、木饰面板等材料来体现色块和质感，当然也可能包括材料规格的选择和装修线条的搭配，以及铺贴施工过程中的分缝、留槽、对齐等要求，这就形成了装修风格的底层框架，也就是硬装施工成果。

图 4-36　硬装示意

而最终呈现出来的软装审美可能更侧重格调定位、色彩质感、造型搭配、光影效果等等。等到装修后期，窗帘、壁布和板式定制家具的进场，再加上成品家具和其他软装陈设，要么它们和前期施工结果各成体系，形成泾渭分明的混搭，要么能和硬装成果一起体现出一定的设计逻辑和视觉连续性。

另外，装修设计中的色彩和照明（如图 4-37），也是无法分开的两大要素。毕竟，没有光线就没有色彩，没有材质也没有色彩。

即使是同一件物品或者同一个区域内的各种材质，在不同的空间亮度和光源显色指数下，视觉感受也是不太一样的。更何况，如果色彩搭配和材质工艺不够完美，照明灯光设计也可以起到一定的弥补作用，所以照明设计也可以算作装饰风格设计中的一部分。

图 4-37　照明场景示意

软装设计怎么做

对于装修自己家的业主来说，软装设计的目的是既能保证颜值，又能承载情感。服务于家庭装修中的软装设计工作，不应该是照搬家具店或者样板间，没有情感寄托、缺乏居住者个人特征和偏好的软装设计很容易千篇一律，或者显得冰冷。

如果是日常工作很忙，对装修没有太大兴趣的业主，我们的审美基本能达到流行水平即可，不用太追求先锋潮流，直接去知乎搜相关问题下更新的回答，去好好住平台看看今年大家流行刷什么颜色的墙漆，买什么样的瓷砖地板，什么风格的沙发和床，如果刚好自己也喜欢且买得起，那就可以买。

这就是住宅室内设计中的包容与混搭，在空间合理利用，装修工程基本顺利的基础上，根据自己和家人的喜好，融入自己对于居住的心得，让混搭起来的空间氛围成为承载生活情感的海绵，这才是家庭装修中软装设计的精髓。

如果刚开始装修，对自己家适合什么样的装修风格不够清晰，更不知道软装设计如何下手，也可以通过高德地图、百度地图、大众点评、OTA 网站、酒店官网等渠道，查看五年内装修的五星级酒店、旗舰家具店、网红餐厅、网红书店的实景照片，找找感觉。也可以在拼趣（Pinterest）、好好住等平台，看一些设计师用户，尤其是获奖设计机构的近期作品，从中汲取灵感，筛选细节，沉淀偏好。

如果某段时间有较多的闲暇，最好能集中地补充装修知识，加大信息摄入量，从而能够更迅速地捕捉自己的终极审美标准，这样无论接下来是自己操刀新家的软装设计，还是请专业设计师代劳，都能有更高的效率和更明确的需求蓝图。

图 4-38、39 是我们 2019 年的一个设计项目，刚完工入住不久，大家可以看到照片上有各种灯，有窗帘，有木饰面墙板和大板瓷砖，有沙发、茶几和床。但这是什么风格呢？其实很难定义，最多只能说其中包含了一些最近正流行的设计元素。

图 4-38　客厅展示

图 4-39　卧房展示

空间规划与收纳设计

对于广大的普通业主来说，明确的装修风格并不是一个严格意义上的必需品，人们对于装修风格的认知和喜好也是没有统一标准的。相比之下，空间规划和收纳设计的判断标准则更为客观一些。

从更大的范畴来讲，收纳设计其实讲的是人、物、空间余地和收纳器具四者之间的协调关系。收纳的第一要义在于合理有序，而不是可利用空间的大小。

认识自己，认识家人，区分需求优先级，根据核心居住需求、户型结构、各区域尺寸面积，做好融合化设计和系统的客观性设计，这是开始收纳设计之前必不可少的一步。

对于大多数中小户型来说，如果什么都想放，收纳空间肯定是不够的，甚至有些户型装修出来，日常放衣服都是问题，储物密度不大都不行，这种情况下更需要考虑按取用频率分区，增加单个收纳空间的收纳精细度，适当地牺牲一些通行空间。

对于居住人数偏少，户型面积比较大的情况，比如三室两厅两卫只住两口人，父母也不同住，或者四室两厅三卫的改善性住房，只住三口人。收纳设计更需要侧重的点是整体性的收纳布局，按功能区域划分，便于取用和展示，通行顺畅，更强调面向每个家庭成员的个性化配置。

而且收纳面积这个表述，本身是错误且没有意义的，更合理的提法应该是先划出能用于收纳储物的区域，设定好取用频率，看看有没有很长很重很大的物品，然后再选择收纳形式，比如说带门高柜，悬空层板，成组的收纳盒，最后用立方米来衡量收纳容量而不是用平方米来计算收纳面积。

我通常不会鼓励客户去断舍离，毕竟能不能断，能舍多少，要不要离，只有真正出自居住者内心的自我认知才能真正地做好。一刀切、人云亦云、头脑发热的断舍离，更多的情况只会是扔掉一些下次还会出现在家里的物品。

所以收纳设计的第一步不应该是马上准备做柜子，而是要梳理人、物品和空间之间的关系，可能的话，尽量为人多留出通道或留出回转余地，多考虑融合化设计，而不是让家里住满柜子。

家庭装修也需要项目管理

装修决策怎么做

绝大多数情况下，自住房的装修要求既不是开发商做的样板间，也不是五星级酒店，而是要跟着装修决策者的审美、预算上限和能接受的居住品质的下限走的。

而且，装修不一定是自己一个人的事，很多时候多少都要参考其他家庭成员的意见，所以装修决策怎么做，最好是以“家庭”为单位。不过这里说的“家庭”既可以是一人独居，也可能是日常的两口三口之家，也可能是几代人同住。

我们可能听说过丧偶式育儿，也可能听说过丧偶式装修，但其实，装修这件事只是生活中的一个节点，就像是盘山路上的一个里程碑，过去了就过去了，它不是高速路上的护栏，能一路跟随，但你的家人会一直陪着你。

如果家庭成员之间好不容易达成一些共识，却因为在组织落实环节考虑不周，不能按计划完成，甚至需要重新规划一遍的话，那自己和家人的付出就打水漂了，这也容易引发家庭矛盾。所以，装修这件事，如果家人都有精力和意愿参与，那么是选择由一个人决策，还是共同决策，其实是一个很严肃的问题。

一个最简单的原则，如果大家的意见确实不一致，那么，整体的硬装设计和公共区域的装饰基调，可以由家里平常更有话语权的人来决定，后期采购家具、灯具、窗帘、装饰摆件的时候，则应该尽量让其他人多参与。

上面说的还只是同住一个屋檐下的家庭成员之间的沟通问题，如果找的全包装修公司、有自己理念的独立设计师、负责装修的亲戚发生矛盾，或是材料商的施工要求和工长的能力经验意愿不匹配，在这些情况下你听谁的？

如果思路不够清晰，就很容易陷入泥潭。总结一下，我们要把握好以下几条。

第一，自己的家，尽量要把最终决定权掌握在自己手里，多问多看多对比，其他所有相关的人，最多是帮你决策，无法完全替代你，更何况有些人只是来看热闹的。

第二，集中一段时间大量输入信息，先沉淀后决策，分清主次，立足现实，适当发挥，只花该花的钱，只找你现在愿意信任的人，把握好决策大方向，细节问题根据时间精力尽力去抓就行。

第三，选择好项目参与方，做好统筹安排和沟通协调，预先考虑好信任次序，什么情况下听谁的，从户型条件、预算工期和居住需要去做装修方案，然后再从装修方案开始去选择材料工艺，再去对比报价和回过头来调整方案。

家庭装修的参考流程

等到真正要筹备装修的时候，到底找不找设计师，找装修公司还是包工头，起码要列出一个备选名单。

确定了项目组织形式，敲定合适的人选，下一步就是搞清楚每个人负责哪一部分工作，明确责任范围，一旦出现冲突或者纠纷时，知道该优先听谁的。

明确了有谁能来帮你装修，这时候就需要先找人去量房，对自己要装修的新家有一个全面的认识，知道各个位置的尺寸，哪里能改造哪里不能。

然后再开始做设计方案，有些业主还没有收房，仅凭一张开发商给的宣传用的户型图，就开始做具体的设计方案，在实际量房以后往往会发现现场情况和预计状况差别很大。

做完这一部分，再根据装修需求、设计要求、施工方的能力和预算工期，开始筛选第三方供应商，考察具体要用的建材家电的型号、价格、施工安装要求，列出一个大体完备的物料清单，避免开工后临时采买，被迫以次充好。

不论是自己设计，是装修公司免费帮你出图，是有独立设计师，还是定制厂商出图，最终都少不了一个步骤：方案整合。

也就是说，要靠业主自己或者有经验的项目设计师来统筹核对各个位置、各个参与方提供的图纸有没有严重冲突或者明显错误的地方，提前安排好施工安装次序，并且最好能把调整过的最新成果落实到文字和图纸上。

正式动工前，我们还需要提前准备物业审批可能用得到的拆除改造图、平面布置图、水电改造图、换窗户封阳台图、空调新风安装图和开孔说明等等。

开工交底当天，一般都需要设计方、业主方、施工方同时到场，但其实更好的做法是施工方根据图纸提前自行放线（见图4-40），定位完成后，其他人再来核对，记录需要变动的地方，及时更新施工方案后再动工。等到水电改造完工后，还会有一些验收和确认工程量的工作要做，如果出现增项减项，都需要记录下来，作为后续统计费用的依据。

在瓦工砌墙、包管道、贴砖前后，以及木工在做吊顶、隔墙、包梁降门头这些工作时，实际完工尺寸和事先预计的情况有时并

图 4-40　放线定位

不一致，如果设计方案对尺寸精确度要求比较高，这就需要及时复核尺寸，该返工返工，该调整补救就调整补救，不能到最后工人已经撤场了，定制测量的时候因为尺寸问题而处处受限。

实际装修中，很多业主家的过程管理都是被动委托给装修公司或个体工长的，一般的业主就算经常去现场，很多时候也是两眼一抹黑，即使看着工人施工，也能被人多算工程量或偷工减料。

为了尽量避免出现这些情况，把主动权更多地抓在自己手里，我们在签施工合同的时候，应当要求装修公司写明具体的施工工艺，包括装修辅料的品牌、系列、型号或者规格，以及工程量的计算方式，明确约定好验收标准和返工补救方式，额外成本谁来承担等内容。

至于中后期收尾安装的顺序，每一家的情况都不太一样。可以先安装天花嵌入式灯具、开关插座，然后铺地板，安装各类定制柜体，安装嵌入式电器，接着安装龙头花洒和卫浴配件，再装门、装门套、装窗套、装踢脚线，接下来安装壁灯、吊灯、层板灯和其他需要调整更换的照明灯具，随后初步清理现场杂物，再重新贴保护膜开始补腻子、刷漆、贴壁纸，最后装窗帘、打密封胶、做开荒保洁。

这几年环境保护政策变得越来越严格，垃圾清运的成本也水涨船高，集中交付的新房装修还好一些，如果是早已交付入住的小区，装修开始得比较晚的话，装修垃圾（如图 4-41）的清运也

图 4-41　包装垃圾示意图

可能成为一个大问题。为了尽可能地节省开支，建议大家在选购定制家具、大件成品家具、大件电器和一些易碎物品时，提前跟卖家商量好包装垃圾谁负责，免得他们只装东西不管垃圾，最后少则多花几百，多则一两千都有可能。

至于装修过程中的成品保护（如图 4-42），其实从开工前就开始了，比如楼道墙地面、防盗门、燃气表、排水管口等等。施工过程中的成品保护，主要是针对瓷砖石材表面，已经涂刷的乳胶漆墙面和顶面，尤其是墙体或者柱子的阳角。装修中后期需要注意的地方主要是墙顶面局部使用的玻璃、造型灯具、木饰面板、地板、家具台面和门板等等。

图 4-42　成品保护示意图

即使在做收尾填缝和开荒保洁的过程中，也要注意成品保护，避免对墙面、地面、玻璃、门板造成不可逆的划痕甚至是磕碰。

另一方面，就是去买一些品质比较好，色彩质感不突兀、黏合牢靠、环保达标的装修辅料。

总之，要想装修得更舒适、更好看、更耐用，就要花该花的时间，花该花的钱，找最适合的帮手，并且最好能够明确责任范围，约定施工标准，做好阶段验收和成品保护，从而能整体性地提升自己家的装修管理水平。

作者简介

王振博

知乎装修、室内设计话题优秀答主，知乎签约作者，已出版知乎一小时系列电子书《设计一个家——你的第一本装修设计指南》；独立设计师，兼职撰稿人，“器研新舍设计事务所”创始人，“居住实验室”联合创始人。

年轻人和上班族怎么安排自己的日常用药？

王　梓

药品虽然是医药专业人士的研究对象，但其实药物和我们每个人的生活都息息相关。

这篇文章讨论的是年轻人和上班族必备的十大用药常识，其实用药常识不分年轻人和老年人。一些人可能会顾虑：生病了要不要吃药？一个粗略的数据是，世界上大概有三分之一的人患有各种各样的慢性病，有二分之一的人经常需要吃药，所以说我们不必害怕吃药，用药在全球范围内非常普遍。关注药学和医学方面的知识，可以减少或者避免副作用，从而发挥药品的最大作用。

药品和保健品有什么区别？

我们在生活当中会遇到很多药品和保健品相关的问题，常见的有保健品厂家做广告，这些广告令人眼花缭乱；有些商家甚至到处拉人来听课，还给大家发礼物；很多人主动购买保健品。那么药品和保健品之间有什么区别？

我们到底应不应该每天吃保健品？我们首先应该明确药品和保健品的区别。从定义上，药品是一种用于预防、治疗、诊断人体疾病，或者有目的地调节人体生理功能，并且规定有适应证或者功能主治以及用法、用量的物质，这个定义援引自《药品管理法》。保健食品是声称具有保健功能或者可以补充营养物质的食品，这个定义援引自《保健食品注册与备案管理办法》，保健品不以治疗疾病为目的。

关于药品与保健品的质量要求也存在差异，去药店买维生素，药用的维生素两三元钱，同样成分的保健品可能卖一百多、两百多，甚至更贵的价格，包装好看，味道也好。药品在上市以前要求进行实验室和临床研究，而且抽检药品需要进行多项检测，测定含量，测相关杂质，合成过程中产生的化学杂质，还包括药片能不能溶出，含量均不均匀，等等。保健品质量要求低一些，不要求进行临床研究，抽检的项目主要是检查是否非法添加，比如有没有往里面加药以及微生物和重金属。

如何识别哪一种是药品，哪一种是保健品？可以看批准文号，药品批准文号是这个格式：国药准（试）字 + 字母 + 八位数字，化学药品是 H，中成药是 Z，还有生物制品，编号都不同。保健食品批准文号前面是国食健字或者卫食健字。保健食品现在做了新的规定，不可以宣传具有预防和治疗疾病的作用。保健食品包装必须注明本品不得替代药物，所以有病要吃药，依靠保健品解决问题不现实。

慢性病如何用药?

慢性病现在很常见，该怎么用药?很多人可能血压高，体检的时候或者自己在家测血压发现了。但是没有头痛、走不动、乏力等症状，感觉不到自己生病了。有些人还担心一旦开始吃药，这辈子就与药相伴，不能停药。

对于这些慢性病，我们可以分三步：第一步是调整饮食和生活方式。很多慢性疾病其实跟生活方式有关，比如发现血压高，需要首先回想一下是不是肉类或者动物油脂吃多了，或者是不是运动少了，是不是太胖了。先不用药，调整饮食和生活方式，并且持之以恒。第二步，一段时间以后重新检查。建议定在三个月左右，比如说血压高就减油减盐，加强运动，三个月以后再看血压是否控制住了。如果说控制住了，继续监测即可，不用吃药；如果没有控制住，可能就得吃药或者看医生，定一个用药方案。第三步，咨询专业人士，定期随访，而且做好笔记。比如服用降压药后可以找时间测血压，把结果记下来，复诊的时候把本子拿给医生看。但是一些人觉得吃了药，生活方式就可以不用注意，这样是不对的。其实我们的生活方式和饮食调整是治疗所有慢性病的根本，生活方式一旦调整，就不能轻易变化，吃药的同时也要注意忌口。

一些人会问，听说某种食物对治疗疾病有好处，可以代替药物吗？比如有些微信公众号说吃番茄可以降血压，这样可以吗？再次回顾一下前面关于药品的定义，药品是规定有适应证和用法、用量的。所以当我们听说番茄可以降血压的时候，就需要知道，一次吃多少番茄，一天吃几次，这些要搞清楚才能用它降血压。还要考虑其他因素，比如一天吃 20 千克番茄才可以降血压，我吃不下这么多，最后还是得回到降压药。

不同厂家、不同品牌的药品如何选择？

同样一种药品可能有进口的，也有国产的，国产可能有数十个厂家，这些厂家的药品都是同一种，为什么价格差那么多呢？不同厂家的药品质量差距在哪里？

主要差异在质量标准、原材料和制剂工艺。我们在生产过程当中用的工艺不同，会产生不同程度的杂质，这是不同厂家药品的质量差异，所以造成不同厂家的药品效果不同。比如，虽然某种药品的剂量都是 30 毫克，但是在体内吸收以后浓度不一样，起到的效果也不一样，所以说虽然是同一规格的药品，其实质量上有差异。

那该如何选择呢？还是需要遵循品牌效应。药品虽然是特殊的商品，但是也分不同品牌，具体如何选择，应视个人状况而定。

如何阅读药品说明书？

说明书（见图 4-43）上面有一项为“成分”，成分有主料和辅料，辅料也关乎过敏。举个例子，有一种药叫氢化可的松注射液，辅料就有酒精。有的人酒精过敏，含有酒精的药不能用。或者有的人要开车，如果注射含酒精的药可能查出酒驾。有的人在用其他的药，酒精跟有些药可能相互作用。

有的说明书不良反应列了很多，消化系统、神经系统、血液系统都会产生不良反应。很多人就有这样的疑问：列出来的不良反应多，是不是代表这个药品不安全？有的药品写着本品没有明

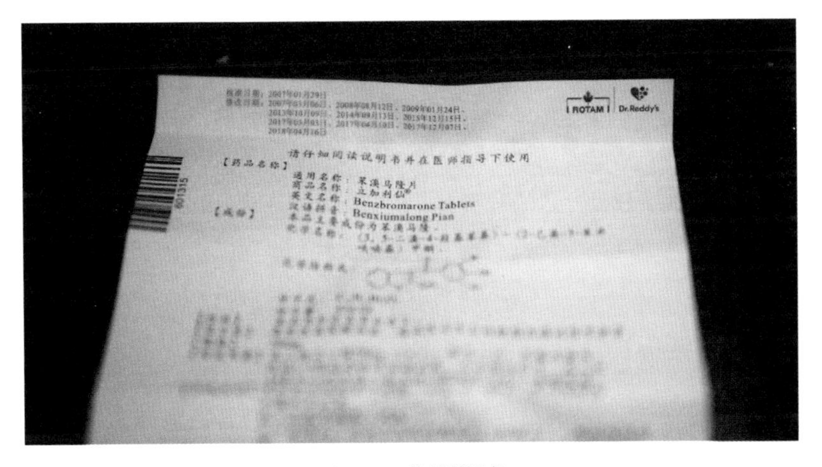

图 4-43　药品说明书

显不良反应或者说不良反应尚不明确，这样的药品是不是就没有不良反应？其实这是个误区，不良反应来源可能有理论预测、动物试验、毒理试验、临床研究，所有药品都有不良反应。药品列出详细的不良反应表明相关的研究很翔实客观，一些药品说没有不良反应，其实并不一定是真的没有，另外不良反应列得详细，就更有助于我们选择药品。比如有的人胃不好，我们在选择用药的时候看到这种药物有可能引起消化性溃疡，就可以避免这个雷区。

说明书中还有一项叫“贮藏”，贮藏药品其实很重要，有些药品贮藏不当会失效，但是贮藏项下提供的信息我们怎么解读呢？有这样几种描述：本品在常温下贮藏，指的是 10~30 摄氏度；冷处贮藏常见的是胰岛素，一般需要存放于 2~8 摄氏度的环境，比如冰箱冷藏室。阴凉处指的是不超过 20 摄氏度。避光指的是避免日光直射。遮光是指用不透光的容器包装，例如棕色容器或者黑色包装材料。密闭指的是将容器密封。

用药的时候哪些人群算是特殊人群？为什么特殊？比如肝功能不全的病人，因为肝脏是代谢药物的主要部位，在肝功能下降的时候有些药代谢不掉，所以肝功能不全的病人有些药不能用。肾功能不全的病人也是特殊人群，肾脏是人体的主要排泄器官，如果肾功能不全，有些药吃了以后排不出去。我们通常的药物用法根据肾功能正常的人设计，比如一天吃三次，这是肾功能正常的人吃，肾功能下降的人一天吃三次排不出去，这个时候需要减量或者延长给药时间和间隔，适应这类患者的肾功能。儿童因为身体各个器官没有发育成熟，所以有些药需要禁用或者减量。老年人的肝肾功能比起健康成年人有一定下降，所以药物需要减量或者禁用。有些药孕妇服用以后会通过胎盘传递给胎儿，分布到胎儿体内，影响胎儿生长发育，所以很多药物是孕妇慎用或禁用的。

如何解读药品有效期？

中国法律规定，中国大陆药品要标注有效期（见图 4-44），所以中文药品看有效期就对了。有效期有两种标注方式，一种是标注日期，如标注 20190831，这个意思是到 2019 年 8 月 31 号这一天都是有效的，9 月 1 日就过期。还有一种标注月份，比如 201908，这个是指到 2019 年 8 月 31 日有效，9 月 1 日过期。另外一种是标注失效期。有一些进口药品标注 EXP DATE，那就是失效期。失效期是 20190831，说明 2019 年 8 月 31 日过期，只能用到前一天；如果只标注 201908 的话，表示 2019 年 8 月 1 日就过期了。

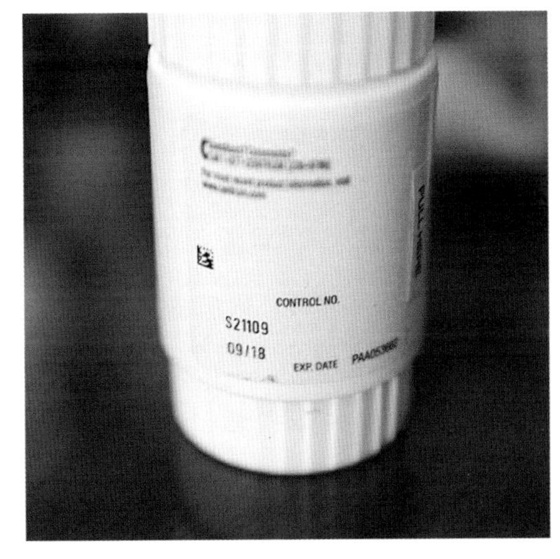

图 4-44　药品有效期示意图

吃药和打针有什么区别？

我们生病去医院，有的人告诉你体温太高，吃药不行得打针，打针效果好，见效快。这是有道理的吗？药品口服以后从食道一直到胃肠道，一般在小肠吸收，吸收过程需要约一小时。大部分口服药吸收以后能够起到接近注射的药效，口服给药后血药浓度有一个慢慢攀升的过程，这就是吸收。注射药物的浓度会直接达到峰值。口服药物也有优势，便宜、方便，而且胃、肠道能够给一些药物或者其中的杂质解毒，降低不良反应。但有些情况还是不得不打针，比如说抢时间的急危重症患者等不了一小时。有的人昏迷，或者肠道功能受影响，口服药没有办法吸收，就得注射。而且有些药没有口服剂型，就只能注射。

药物过敏史有什么意义？

去医院看病，医生会向我们确认有没有药物过敏史。因为药物过敏史对用药不仅有重大的参考意义，而且有法律意义。比如我们去挂门诊的时候，病历本上都会有一栏“药物过敏史”，住院病历上也会写对什么过敏，自己要签字，这个签字有什么意义？一旦提供了过敏史，就具有法律意义。比如青霉素的说明书上面有一条，叫作有青霉素过敏史者禁用，哪些人有青霉素过敏史呢？病历本上写了就是有过敏史。如果发生纠纷的话，拿出病历本来，上面的签字就有法律效力。过敏危害也有很多，比如皮肤上长斑，长疹子，严重的发生窒息或者过敏性休克，危及生命。

有的人问为什么使用青霉素或者一些青霉素同类药，医生会做皮试，而其他药医生使用前不做皮试？因为皮试是一种试验，具有指示真实情况的功能。皮试做出来是阳性，代表真的过敏，皮试做出来是阴性，代表吃这个药是安全的，这种情况下皮试才有意义。如果做皮试是阴性，吃了这个药还是过敏，这个皮试就没有意义。所以只有少数药有成熟的皮试方法，比如青霉素或者青霉素的同类药品。

如何掌握正确的用药方法？

很多人每天都吃药，但用药方法不正确。比如有的药品说明书上写一天三次，早饭后吃一次，午饭后吃一次，晚饭后吃一次，这样吃有什么影响呢？药物被血液吸收以后，成分开始起作用，比如 7 点吃早饭，12 点吃午饭，18 点吃晚饭，7 点到 18 点只有 11 个小时，这样白天吃了很多药，而 18 点到第二天早上 7 点有 13 个小时，这期间没有用药，药物作用可能很不平均，白天过强，晚上过弱。所以一般建议平均分配，比如每天三次，一般 8 小时一次，制定一个时间表，早上 7 点吃一次，下午 15 点，晚上 23 点一次，这样就平均分配了用药时间。

哪些药片不能切开？有些药包了一层衣，如果切一半就会使主药的成分露出来，失去用药效果。有一些特殊的药能切，举个例子，有一种药叫琥珀酸美托洛尔缓释片，这种药虽然是缓释片，但中间有一道刻痕，做了特殊设计，切开以后会得到两个半片，这种是可以切开的。但是我们要先确认说明书信息，说明书上说可以切才能切。

药片可以用饮料送服吗？尤其小孩会喜欢拿饮料来送药，或者用茶、酒，这样做对药品有没有影响？其实是有的。酒会抑制肝脏的代谢酶，影响药物的代谢；茶中含有茶多酚，可能会加快药物的排泄，咖啡也是一样。有一种水果叫葡萄柚，经证实它会和 60 多种药物发生相互作用。还有牛奶，牛奶含有酪蛋白，也可能和一些药物相互作用，所以还是推荐用温凉的白开水送服。

如何正确认识抗菌药物？

人们对抗菌药的认识分成两派，一派认为生一点小病也要吃抗生素，另外一派认为抗生素有害，那我们该如何认识抗菌药在人类发展史上的作用？从青霉素发明以来，抗菌药使得人类对抗多种感染成为可能。如果没有抗菌药，很多外伤、感染都无法治愈，很多手术也没有办法进行。抗菌药为医学发展做了很大贡献，但是杀灭某些细菌的同时也一定伴随着其他细菌的生长，以及药物对身体的副作用。有人问，是不是医生用对了抗菌药就不会有耐药性？其实不是这样，抗菌药无论用对还是用错，细菌耐药性一定会发展。所以抗菌药的治疗原则是不该用的时候坚决不用，该用的时候重拳出击。

另外很多人问，医生开了一个抗菌药说吃 7 天，但是吃了 2 天以后感觉病好了，剩下 5 天还要不要继续吃？其实症状好转了，并不一定代表疾病完全治愈，有可能会卷土重来。所以当医生给我们开了 7 天药物的时候，我们需要足量足疗程，把 7 天吃完。

酒精与药物的关系

很多广告商宣传，某种药是解酒药，喝酒应酬以前吃一点药可以减少酒精的损伤。但其实酒精对身体各个系统都有损伤，肝脏、肠道、代谢、心血管、精神、肿瘤等等。医学研究表明，只有胃黏膜保护药能对酒精造成的胃损伤起一定保护作用，对肝脏、对肠道等器官的影响，现在的药物没有办法解决。所以没有真正的解酒药，最好的解酒药是少喝甚至不喝。

酒与哪些药物存在相互作用？酒精会抑制肝脏的药物代谢酶，会减慢很多药物的代谢，比如镇静药、降糖药。还有一些药物反过来会减慢酒精的代谢，使醉酒时间更长。酒精会加重某些器官的损伤，比如感冒药伤胃，如果吃感冒药同时又喝酒，酒精和感冒药都伤胃，如此一来胃就更脆弱，更容易出问题。酒精还会改变一些药物的溶解度，有一种中药叫附子，俗称附片，有些人拿来炖汤，但这样的操作也有风险。我见过一个人喝了附片泡酒后，还没被送到医院心脏就停跳了，据家人描述，死者只喝了几十毫升。酒精和水对药物的溶解度不一样，水对很多物质的溶解性很差，但酒精溶解性比水好，很多物质在酒精里面能够溶解出来，所以我们用酒泡药的时候跟水煎的中药都不一样，药效存在很大的区别，因此最好不要随便用酒泡其他的东西。

药学是一门专业的学科，药品虽然是医药专业人士的研究对象，但其实药物和我们每个人的生活都息息相关，因此我们每个人都应该掌握一些合理用药的知识，对我们和身边的人都有益。

作者简介

王梓

知乎 ID：米调炫枫，知乎医学等话题优秀答主，在知乎拥有 13 万 + 关注者，撰写文章和答案 1300+ 篇，阅读量超千万次；毕业于四川大学华西药学院，获得药学硕士学位，现任主管药师，致力于医学和合理用药知识的传播。

如何选择一家餐厅，如何点菜，以及如何判断食物好不好吃？

吴泽泳

如果你问服务员有什么推荐，他指着菜单上的招牌菜跟你说这些菜都挺好，你不仅不用再继续问下去，甚至可以考虑换地方吃了。

讲这个话题之前，我专门回知乎看了我过去的答案，看看当年写了什么，结果知乎提醒我，我加入知乎已经到了第八个年头。作为最早一批知乎作者，讲故事的时候会有一个通用开头，叫“我有一个朋友”。

我也有这样的朋友。在我的美食历程当中，遇见过一天只睡三小时的工作狂；遇见过半只脚踏进职业圈的电竞爱好者；遇见过年轻时加入创业公司并且伴着公司上市的高管；也与知乎最早普及米其林餐厅的美食领域人员成为很好的伙伴。

您问我怎么遇到这些人的？我只是凑巧这四个属性都具备了。

我在美食领域的领路人，是知乎美食话题下的优秀答主，同时也是食品领域的资深从业者。她说过一句话：“关于食物，我不是比你懂得更多一些，只是比你花了更多的冤枉钱。”

我写这篇文章也是希望大家可以在少花冤枉钱的情况下，多吃好吃的。所以我会和大家聊三个主题：

1. 这个食物为什么好？
2. 我要如何选择一家餐厅？
3. 当我坐下来之后，应该如何点餐？

食物为什么好？或者说为什么好吃？

当我们讨论食物好不好吃，其实是一种主观感知的阐述，它不具备普适性。比如说，我不爱吃香菜，那么但凡你推荐的菜里有香菜，对我来说就不好吃。而个人对于食物的偏好是基于生长环境和原生家庭带来的影响。

前几年，我在某个城市喝一款鸭架汤的时候，喝到了很明显的腥膻味，而同行的两位好友认为这是鸭子该有的味道。他们的美食鉴赏水平在国内是非常突出的，一位是日本料理品鉴的大师，一位则是西厨品鉴的大师，甚至自己名下还有米其林推荐的餐厅，味蕾完全不存在问题。但在鸭架汤上，他们的生长环境决定了他们吃到的鸭肉就是带有这样的腥气，而伴随我成长的粤菜体系则会认为这是让人不喜的味道，应该剔除，所以这道菜对我而言是不好吃的。这个评价完全取决于我和朋友的生长环境和个人喜好，而不是客观标准。

但一种食物的好坏其实有相对客观的标准。比如说近年来因为食品冷链和供应链的发展，潮汕牛肉火锅成为一个新的消费热点。对于潮汕牛肉火锅而言，评判好坏的标准之一是新鲜程度，牛肉在砧板上，肌肉还在跳动，这就是新鲜的标志之一，毕竟潮汕牛肉火锅的核心就是吃没有经过排酸的牛肉。又比如潮汕人喜欢吃白粥的时候搭配一款用潮汕黄豆酱炒的麻叶作为配菜，而这道菜美味的关键就是用嫩的麻叶。为什么要这么做呢？因为麻叶老了之后就只能被拿去做麻绳了，不能吃了。

看完上面两个例子，大家也不妨思考一下，你认为影响一道菜品好坏的元素有哪些。根据我这些年的经验，认为整体分为外在和内在两个部分。

外在的部分，我认为需要包括下列要素。

1. 灯光

这是指食物在眼前呈现的样子，好的灯光能让人更有食欲，突显食物的特色，当然拍照也会更好看，发朋友圈也会有更多人羡慕。

2. 温度

一道菜从上桌到吃完，整个过程中的温度变化决定了我们对这道菜的评价。长辈们最喜欢说的一句话就是“趁热吃”，这句话的潜台词就是：“冷了就不好吃了。”这其实也是环境温度和分量把控不当带来的结果。温度把控往往涉及传菜的速度、距离、室内空调的温度等各个因素。稍有不慎，这道菜可能就只有上桌那2~3 分钟才是好吃的，那美食享用的体验就太糟糕了。

3. 声音

声音和菜品能否达成一致的体验，是非常重要的评判标准。比如在大排档就应该听到人声鼎沸的吵闹、锅铲撞击的声音。高级餐厅则有恰如其分的讲解和相对静谧的环境。体验一致会让你觉得“就是这个味道”。

4. 服务

最普通的日料店都会告诉你，A5 等级的和牛就是最好的，那我为什么放一块 A3 等级的和牛图片呢？（见图 4-45）鹿儿岛是和牛的原始产地，A3 等级的鹿儿岛和牛脂肪分布就足以超过绝大多数 A5 等级的和牛，所以和牛根本不需要 A5 等级就已经足够好吃。

而这些信息，就是餐厅的一种服务——知识服务。我们在整个吃饭过程中，会与服务员、主厨，甚至身边的客人进行不同的交流。妥帖的介绍，会涉及食材的故事，为什么好吃，产地是哪里……他们的服务也会注重速度效应和对细节的把控。以人均 1000 元以上的日料为例，最佳的体验是坐在厨师面前，保证每一道菜到嘴里是最好的状态，板前（主厨）在你感兴趣的时候还会和你分享这道菜的细节，丰富整个用餐体验。

图 4-45　鹿儿岛的 A3 等级的和牛

5. 理念

有一部有趣的日本动画片《食戟之灵》，提出了一个概念，即“给菜品做减法”。谈论减法之前，我们首先要谈加法。中餐做加法的典型代表是佛跳墙——鲍参翅肚样样俱全，汤底是鸡、鸭、金华火腿等食材花上数十小时熬煮而成，菜品风味浓厚，滋味丰富，口感多元。这就是加法，把多种风味、口感、颜色加以组合。

日本有一家寿司店叫天寿司，店里的特色是不使用酱油（这种操作在高端日料店几乎不可能）。前几年店里的菜单，非常大胆地在头菜以金枪鱼的大脂作为主食材。按照传统做法来说，这是贵寿司的大忌，因为大脂的肥腻口感会让味觉麻木，让你无法品尝后面的味道。但这家餐厅通过巧妙处理，做到了口感饱满却清新。

这也是做减法的核心，通过对食材的深度理解和多重处理，把一些不需要的味道剔除，仅保留主厨想要强调的味道。

6. 分量

强调分量的原因在于，好的分量把控可以确保一道菜吃完时，菜品仍然保持最好的温度（这也是为什么有些高端餐厅，单个菜品分量不大），而且食客能产生充分的满足感。要是一盘菜凉了还没有吃完，不是菜不好吃，就是分量大了。在日常的餐厅，分量大是实惠、良心的代名词，但在高级餐厅，往往遵循一个经典的法则——少即是多。

除此之外，刀工、火工、手工，都有可以深入挖掘的点，但考虑到可供了解的渠道比较多，我就不做额外的解释了。

接下来就是食物的内在，按传统的标准，好的食物应该色香味俱全，那我们不妨细聊一下，色香味分别是什么。

1. 色

指的是菜品的颜色搭配所带来的直观感受，而每一种菜系也会有它独具特色的外在形态，比如湘菜中通红的辣子，潮汕牛肉里粉嫩的牛肉薄片。

2. 香

是指菜品自身的香气，搭配的气味的丰富度，以及在大脑中的期望值——通过气味唤起大脑深处的记忆。

3. 味

指两个维度：调味和口感。调味的话大家都很熟悉，酸甜苦辣咸鲜麻——我们中国菜的主要味型；口感则是一个很少被大家关注的点。我之前看过一个由知名米其林主厨主持的美食节目，里面提到中餐中的海参在外国人的食谱里面是不存在的，因为他们很难接受这个味道。

口感的特殊性，决定了一道菜的味道。

图 4-46 是在上海一家餐厅用餐时拍的照片，这家餐厅是实至名归的米其林三星餐厅，人均差不多要 6000 元，但可以负责任地说，它把我之前提及的元素都做到了极致。

图 4-46　上海 Ultra Violet 的经典菜式

这家餐厅每晚只设一桌，招待十个人。它位于上海一个神秘的地方，去之前会邀请你到外滩的 Mr & Mrs Bund 集合，然后对方会派人开车载你前往目的地，全程车门窗帘拉上，直到下车为止。在这里吃一顿饭总共要 4 个多小时。

上面的这道菜，他们在外部关注了以下几个元素：

（1）现场的风景；

（2）现场的温度；

（3）现场的气味（不是菜的味道）；

（4）现场的灯光。

品尝黑松露面包之前，四面墙壁的投影影像会开始下沉，直到进入到泥土里；房间会散发出一股雨后泥土的清新味，空气会略带一些潮湿，温度随之变低了。这是在模拟黑松露的生长环境——大森林里潮湿且阴凉的泥土。

至于内部的色香味，在菜品呈盘的同时，会搭配一个烟雾缭绕的玻璃罩，勾起食客的好奇心。

品尝之前服务员会在你面前掀开玻璃罩，弥漫的烟雾其实是略带甜味的雪茄味。紧接着服务员会提醒你闻一下黑松露面包，黑松露的味道本来是近似石楠花的味道，但搭配上雪茄味后，会诞生让人喜悦的化学反应。

图 4-47 餐厅的名字叫 Amico BJ，名列北京米其林榜单第一名。照片中从最前面的一排到背后的墙壁，整整放了 130 多种不同的盐，来自全球各地。主厨喜欢收集各种奇奇怪怪的盐，有鱼子酱盐、有硫黄味的火山盐等等。大家平时在餐厅里面听到的玫瑰盐在这个柜子面前就很普通，毕竟这里最贵的盐要 600 元钱才能换来 50 克，而这仅仅是主厨对于“咸味”的深度追求。

讲到这里，大家应该对一道菜怎样才好吃有了粗浅的概念。然而这并不是一个实用的技巧。要判断这个餐厅好不好，最简单

图 4-47　整个柜子上摆着不同口味的盐

的方法当然是去吃一顿，但花了钱又不好吃还是挺让人难过的。

所以关于怎么选餐厅，我总结了几个方法。

1. 看图片

顾名思义，就是看这家餐厅的菜品图。哪里的菜品图最多呢？答案是大众点评平台。有人会说大众点评不准，五星餐厅都会踩雷。我不否认，但是大众点评的使用核心不是看评星，因为那代表大多数人的口味，无法代表你自己。

真正客观的要素在于路人拍的照片，通过照片来判断餐厅的好坏。

让我们来看一下图 4-48 的两种食物。

左图的海胆是珍稀性食材的代表之一。初级食客挑选，讲究个大、肥美。进阶美食爱好者用餐时，会去看种类——是马粪、紫海胆还是其他。再复杂点，就是看品牌，看出品方。虽然活海胆肯定比盒装海胆要好，但这盒海胆是个例外，这是我 2015 年在上海一家日料店吃到的（该餐厅也是米其林入驻上海后，首家获得米其林推荐的日料店）。曾经有一部很有名的纪录片叫《寿司之神》，是关于名厨小野二郎的故事，用的就是这种海胆。据称这款海胆只会特供给数寄屋次郎（寿司之神的店）以及是山居（天妇罗之神的店）。所以当你看到了这盒海胆，就能推断出这家店的食材采购能力在全国都是首屈一指。

右图是一份回转寿司餐厅的三文鱼寿司。三文鱼是一种很平价的食材，所以日本高级餐厅不会提供——除非是特定季节的樱鳟或者帝王鲑。所以你看到三文鱼，基本上就能知道这是一家什么档次的店铺。

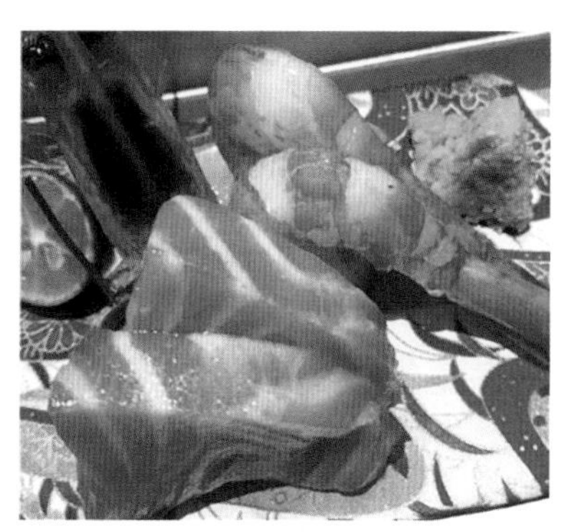

图 4-48 海胆（左）与三文鱼寿司（右）

还有另一种食材的珍稀性也很具有代表性，那就是牛排。

图 4-49 中，左边这块牛排不止 2000 元，右边是一块 20 元的牛排。电商平台上 10 元、20 元一片的牛排，基本都是右边这种。不是说这种牛排不好，只是说这种牛排是我们俗称的合成牛排，由牛的几种不同部位的肉合成，价格很便宜，吃了对身体没太大害处，但确实也算不上是好的牛排。由于它是合成的肉，在拼接处有较多细菌，吃之前要确保全熟。识别这种牛排的方法也很简单，在它的配方表上面看看有没有“卡拉胶”。

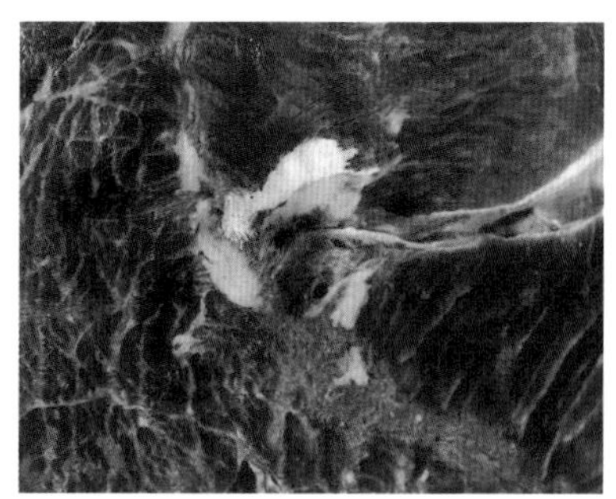

图 4-49 高级牛排（左）与合成牛排（右）

有人提问，为什么外国人敢吃三分熟、五分熟的牛排，难道不怕细菌吗？事实上，原切的牛排（完整的牛排），细菌都存在于表面，直接丢到锅里煎完之后，牛排表面的细菌就被充分杀死了，所以三至五成熟非常友好。当然，从食品安全角度来说，牺牲风味而烹调至全熟的食物必然是风险最低的。

除了食材的珍稀性，还可以关注预处理的方法。牛排这种食材，除了极个别特别珍稀的品牌，正常来说，非合成牛排一斤价值几百元，除非是图 4-50 这种牛排。

这是一种在国外很成熟的处理方式——干式熟成。与之对应的另一种方式叫湿式熟成。熟成的本质是牛在被宰杀之后，因为肉的排酸机制以及酶在时间的作用下导致肉质口感的改变。熟成的反面典型是潮汕牛肉火锅里面的牛肉。潮汕牛肉是以新鲜闻名于市场，一头牛宰完了到它下锅进入你嘴里可能不超过 8 小时。如果说潮汕牛肉火锅是新鲜的极致，那么干式熟成就是陈放的极致。在恒温恒湿的条件下，牛排会被存放 28 天甚至更久。牛肉在这个过程中表面会出现轻微的霉变，并因为失水而导致重量大幅减少，1000 克的牛排可能在干式熟

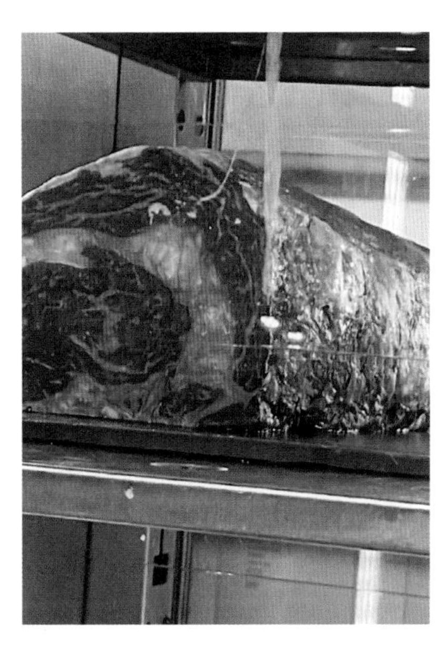

图 4-50　发霉的牛排

成之后只剩下 600 克到 800 克，而牛肉的风味也会得到很好的浓缩，当然价格也就直线上升了。

我们曾经做过一个实验，请了十位比较熟悉牛排的人。让他们盲品一份干式熟成牛排和一份普通的牛排，这些牛排有同样的品牌，同样的品质，同样的供货商。但最终选择普通牛排的人却占了大多数。尽管干式熟成的牛排更贵，口感更软嫩，但它的特殊风味不被普遍人群喜爱。当然，你如果看到一家牛排店在进行干式熟成，那你走进去试吃一下准没有错。

所以利用图片，真正要看的是菜品的珍稀性、食材的预处理方法，再根据经验看菜品的成品卖相进行综合的判断。

2. 看菜谱

如果有幸选到不错的餐厅，别着急，进门前不妨看一眼菜谱。一个餐厅的菜谱往往反映了餐厅管理者的经营思路和策略方针。试着思考这几个问题：

（1）菜谱里的菜品很多，是好还是坏？

（2）菜谱跨了很多个菜系，川菜、湘菜样样都有，是好还是坏？

（3）鱼虾蟹，猪牛羊，鸡鸭鹅，全部都有，是好还是坏？

上面这些问题没有标准答案，因为每个人对好吃都有主观的评价，我觉得好吃不一定别人也觉得好吃。不过专业人士的主流观点认为，菜品设计得越复杂，涉及食材越多，库存管理难度会指数上升，所以它的损耗，包括各方面的储存成本会变高，最终大概率导致你吃的东西性价比不高或者品质把控不稳定。

当然凡事都有例外，全球餐饮体系当中做得最复杂，却又保持了不错的稳定性的，就是广东的茶餐厅。茶餐厅里面囊括多种不同的食材，多种不同的烹饪方式，以及多种品类。因此，它的库存管理一直难度最大，因而难以复制。连锁类的茶餐厅有一个特点，菜单设计简单，菜品种类少，库存管理压力远低于传统品类，从而实现对成本的把控。当然，成本变高并不代表这个餐厅不好吃，只是看大家对价格的敏感度和性价比的追求了。

就我个人而言，挑餐厅的时候我会这么考虑：首先我希望食材品类不要太复杂，甚至专注做一种食材，比如专门做鸡肉烤串。并不是说复杂一定不好吃，只是说复杂了管理难度上升，不好吃的概率有可能会变大，所以我倾向于选择减少品类、专注单品的餐厅。

其次是菜系不要太多，单一菜系是首选，我不认为普通的厨师有充分的见解和能力可以把两个差异很大的菜系融合在一起，所以我会比较谨慎。当然如果在食材较少的前提下，烹调方式多元化是可以接受的。比如说做龙虾，有金蒜粉丝蒸龙虾、金沙龙虾、蒜茸豆豉炒龙虾、天妇罗龙虾、姜葱焗龙虾等多种不同的做法，这属于不同口味的尝试和探索，不涉及太复杂的管理成本。

有了上述的基础之后，我们对一家餐厅的成色有了一个大致的了解。接下来要记住，下次去餐厅坐下来点菜之前，不妨提前看一下菜谱，顺便看一看别人在吃什么东西，闻一闻香不香。避免踩坑的关键就是要脸皮厚，当你感觉形势不对的时候选择离开饭店，也比你点了菜发现不好吃还得付款更加划算。

3. 点菜

最后一个技巧是关于点菜。如果你很不幸运，去了一家不怎么样的餐厅，妥当的点菜是有可能起死回生的。所以第一个点菜技巧，是关注招牌菜。不少人觉得招牌菜应该是这个餐厅毛利最高的菜，应该是最不划算的菜。但是招牌菜往往是餐厅重要的引流手段，如果这道菜做得不好吃，引流的价值就不复存在，所以大多数时候，招牌菜是值得尝试的。

问问服务员有什么推荐是另一个方法，可以通过服务员的回答，了解餐厅的经营水平。比方说服务员大手一挥，指着招牌菜跟你说这些菜都挺好，那不仅不用继续问服务员，甚至可以考虑换地方吃了。如果他跟你说今天我们新进了一种食材，或者今天有很新鲜的东西可以尝一尝，这说明服务员经过比较良好的培训，可以尝试听听他们的建议。

看到这里，我们基本上把什么是好的食物、怎么挑选餐厅、怎么进行点菜的整个流程过了一遍。尽管这些分享或多或少能让大家少走一点弯路，但只有花过冤枉钱，你才会知道哪些是真的好，哪些是真的不好。我们可以尝试积累更多食物品鉴的经验，这些经验是怎么来的呢？当然是多花冤枉钱了！

作者简介

吴泽泳

知乎美食话题优秀答主，美食话题万赞回答创作者。金融行业从业者，国内首家香港上市商业保理公司高管，TEDx JUFE 受邀讲者。

如何对亲密关系进行管理？

叶 壮

那些不快乐的情侣和夫妇，到底做了什么？我大概总结了七点。

“磨合管理”是当代亲密关系的必备技能

“挺好的”在日常生活中是个常用词，但这其实是个很糟糕的词汇。

假设你问别人：“你最近过得怎么样？”对方干巴巴地回复你：“挺好的。”你会是什么感受？如果你们曾经知无不言，言无不尽，现在却只有一句“挺好的”，其实这是两个人关系恶化的一个信号。

爱情中的冲突与困境，并不是从吵架、大打出手开始的，它应该始于关系一开始的恶化趋势。

人跟人的关系，从浅到深会经历什么样的发展呢？

人跟人之间，最浅的层次叫作“社会关联关系”。这个阶段的特点是：你所在的群体为你代言，你并没有什么个性。此时，两个人的连接是间接的，群体对他们施加着影响，彼此之间并不强调对方个性化的存在。比如你们是某个合同的甲方乙方，比如你们在一座大学的两个学院读书，比如你们住在同一个小区。以上三种情况中，你们可能知道有对方这么个人，却没和他接触过，更谈不上了解。这就像你点了个外卖，你不在乎送外卖的小哥是谁，只在乎“能不能准时拿到外卖”一样。

再深一层就是“个体关系”。今天你点外卖的时候，忽然发现外卖小哥好帅！于是，你记住了他的名字，还给闺密发了条微信：“今天的外卖小哥长得超级帅！”那么你给对方的评价已经上升到了个体关系。这个外卖小哥已经是一个具体而独特的存在了。当然了，话说回来，关系是双向的，你在他眼里，可能只是外卖客户甲乙丙丁。但是，假如你每个星期至少有五天都点同一家牛肉面馆里的秘制辣牛肉面，每次都由他来配送，那么，你很可能成为他眼里的“牛肉面小姐姐”。上升到了“个体关系”之后，虽然还谈不上喜欢不喜欢，你们起码已经注意到了对方更深层次的特质。你就是你，对方同你的关系直接指向了你本身。

第三层是“紧密关系”。通常意义上的挚友和家人就属于这一层次。“紧密关系”主要有两个表现形式。一是双方可以互相施加更为强烈与频繁的影响，有什么事愿意跟对方倾诉，有什么难处也乐意与对方讲。二是拓展了共有行为的广度。你们曾是在商言商的合作伙伴、普通的同学、偶尔见一面的邻居，可现在你们能一起去游个泳，商量着一起旅行，分享两家的八卦。

第四层，也就是最高层，是“亲密关系”。它最典型的表现，就是双方投入的性行为，以及分享经历和表达自我的强烈欲望。

关系越深，越有一种行为倾向：和对方分享负面感受。我知道，这很反直觉，但人的心智其实就是如此矛盾：在不熟的人面前，我们往往要散发积极信号，但是对于大多数人来说，关系走得越近，也就越能带来安全感，进而越容易成为获取安慰的避风港。

“同甘共苦”的关系，可以优化我们的生活质量，而如果在亲密关系中彼此表露太多的负面信号，如何处理这些矛盾，做好“磨合管理”，就成了当务之急。

我们到底在吵什么？

我当年刚结婚的时候，曾经因为跟太太闹矛盾去跟我爸吐槽。他呷了口酒，意味深长地跟我说：“知足吧，你们还没孩子。”

如今我们有了两个儿子，我发现我爸说得真对。

2009 年，有学者找了 100 对夫妻，给了每对夫妻两个本子。这些夫妻即将在未来 15 天内，分别记录他们的每一次争吵，再把本子交回来。研究者根据本子里面的内容，提炼了争吵的数量和主题。这 100 对夫妻在这 15 天里发生了 748 次激烈争吵，而多发的矛盾主题的排名如下：关于孩子的话题排第一，集中在孩子教育的分歧上；关于家务的第二，比如“为什么你又不洗碗”“为什么你袜子又乱扔”“为什么你洗澡要用那么长时间”；排名第三的是具体的交流。像“钱”这种通常被认为敏感又重要的话题，其实也才排到第六；至于性关系，连前十都没进入。

这些话题充其量是易燃物，发生争执还需要“导火索”。

要知道，亲密关系之中，绝大多数的伤害都是有意的，是被矛盾激发而做出的刻意行为。

有些男孩子总要逗弄自己的女朋友，说些“你长这么丑，除了我没人要你”之类的话，一旦把对方惹恼，又说“你看你这个人真开不起玩笑”。

有些女孩子总是质问自己的男朋友，说“你怎么这么没出息，就知道天天打游戏”，当男孩子忙着去工作，又说“从来都没时间陪我，只有时间陪工作陪老板”。

我不信他们不知道自己说得不对，说得没道理；我也不信他们不知道自己说的话，会伤害对方，进而伤害感情。

矛盾处理的核心只有一条：就算面对矛盾，我们依然要好好说话。要不然，就是无事生非。

那该怎么解决呢？

首先，对于亲密关系来说，矛盾是正常的，而且是不可避免的，应对矛盾的方法，也是有选择的。

人是目标导向的生物。我们谈恋爱、结婚、生子，都是本着对目标的追求来投资生活。而目标的矛盾，自然会导致冲突。平行线一样的两个人，无法成为情侣，一旦成为情侣，也意味着不能无视生命交集之间的冲突。这些冲突的表现纵然多种多样，究其原因，只是一个人的目标干扰了另一个人的目标。

除非目标无交集，否则冲突无法避免。

矛盾本身是中性的，它普遍存在，却没有好坏之分。随着亲密关系越来越深入，冲突总是无法避免。如果两个人已经对彼此相当依赖，目标却依然背道而驰，那冲突将越发激烈。

其次，你心里要有个谱，不快乐的情侣和夫妇，到底做了什么？对于你来说，有没有什么前车之鉴？

第一个，叫“地漏问题”。有一些具体的问题，总是能成为某对情侣所有矛盾的根源，不管因为什么争吵，都能归结到这个具体问题上，比如“都是因为他懒”或者“都是因为她乱花钱”，然而实际情况可能远比这个复杂。

第二个，试图总结对方。比如“你是不是这个意思”。这样的话虽然看着像是总结，但实际上充满了自以为是的曲解，只是控制欲的另一种表现罢了。

第三个，叫预先归因。还没等对方把话说完就提前打断话头，给对方扣个大帽子：“你这话的意思，就是嫌弃我爱花钱！对不对?!”

第四个，叫封闭型问题。就是类似这样一种对话：“你说你到底当时有没有给我打电话？你到底打没打？你别说别的，就说你！打！没！打！”其实这种话本身是一种强烈的指摘，缺乏讨论的基础。

第五个，把问题转变成了骂街。这很常见，“你这个人是不是有病？”就是典型示例。

第六个，由不断翻旧账组成的多重抱怨，把一个问题变成一堆问题来一起争吵。“你说你妈，这次这事咱们就不说了，上次呢？

上次怎样怎样？上上次呢？上上次怎样怎样？”

还有最后一个，好为人师式的说教。“你闭嘴，你听我说，你什么都不懂！”你看，伴侣的地位本应当是平等的，却偏偏有一方希望能够处处强势，指导一切。

有很多处于亲密关系中的人，还没来得及一日夫妻百日恩，就已经在日常相处中丧失了好好说话的能力。靠着愤怒和伶牙俐齿，把一次次本来中性的讨论，生生变成了恶性循环。于是信任和爱自然每况愈下。

我还想现身说法，给你分享个小妙招。

我跟我太太如果憋不住火了，马上要吵架了，就会默契地做一个共同举动——每人吃颗糖。别吃口香糖，也别吃清新口气的薄荷糖，更别吃黑巧克力——就吃那种你小时候爱吃的糖：阿尔卑斯奶糖、大白兔奶糖、真知棒。

这么做的原因有三。

第一，吃糖这件事，占着嘴还耗时间。像我这样从小穷到大的人，吃糖可是不敢嘎嘣嘎嘣嚼的，都要一点点含化了才算完，我太太也一样。这样一来，就有起码 5 分钟时间，我们俩都不能张嘴，对于双方冷静下来，沉着思考很有帮助。你要知道，有时候发脾气这事，一旦能暂停，再蹿火就没那么容易了。

第二，糖分可以快速地进入大脑，并帮助人提振情绪。糖对情绪的改善功能是具有极强生物性的，麦当劳的甜筒你吃一个就觉得开心，就是因为甜。大量糖分的摄入会让大脑里与快乐情绪相关的部分得到激活，愤怒与其他的负面情绪相应地就可以得到一定程度的压制。你看很多节食减肥的人，只吃蔬菜沙拉加油醋汁，不含淀粉，连着吃几天，都笑不出来——为什么心情不好？因为饿，因为缺糖分！

第三，人的大脑是人体单位重量耗能最多的器官，不管是梳理问题、好好讨论，还是吵架，其实都很需要消耗能量，所以吃颗糖，也能让你的大脑在这种压力情景下转得更快。

这颗糖一吃，按照我的经验，这架也就吵不起来了。就算吵起来了，它给你提供的能量，也可以帮助你更好地发挥，“骂出风格，骂出水平”。当然，最后这句是玩笑话。作为成年人，什么时候都不能失控，这是个基本底线。

矛盾也能成为成长的契机

2018 年，我跟我太太在湖北咸宁吵了一架，说实话，我们俩很少生那么大的气。没过几天，我去上海办事，顺便拜访了一位朋友史蒂夫，那时我心里的怨气其实还没平息。我跟史蒂夫讲，我觉得自己特失败，跟太太发这么大火，这么多年心理学白读了。

史蒂夫听完后，跟我说了一句话，这句话让我建立了对于亲密关系中矛盾的全新认识。他说：“我不觉得吵架是什么坏事啊。吵架，是让爱情中的对方快速知道你到底要什么的高效方式。”

争执带来的体验可能是糟糕的，但争执给你们的爱情带来的价值可能是积极的。同时，我还自然而然地想到，评估这种积极价值的一个重要标准，就是在亲密关系中会不会因同一话题而频繁争执。

我一回北京，就拽着我太太开会。内容很简单：从谈恋爱到今天，这 8 年，我们吵得特别厉害的架，主题到底是什么？

紧接着，我们欣喜地发现——这 8 年，我们大吵过 8 次，更开心的是，这 8 次的主题各不一样。这些主题有关于我刚结婚的时候不讲卫生的，还有谈恋爱的初期，关于她前男友的。这些不同的争执主题说明什么？说明我们在改变，在磨合，亲密关系在进步。

所以，别担心在亲密关系中发生矛盾和争执，只要失控有价值，爱情中的携手共进就依然有可能。

怕只怕你们永远都为同一件事生气——她永远不顾忌你的收入，包包哪个贵就要买哪个；他永远不考虑你的感受，出门踢球回来，袜子跟你的衣服扔到洗衣机里一块洗。

这才叫问题。

到今天我都特别感谢史蒂夫，他让我以一种更科学的视角来看待我自己的爱情。

为了能让矛盾有价值，我们需要规避一些经常发生却没有意义的交流方法。

社会心理学家约翰·古特曼在一个跨越 20 年的长期研究中发现，由错误的沟通方式导致的低效社交能够有效地预测初次约会的失败、伴侣分手或离婚。而经过对 200 多对情侣的长期观察，古特曼总结出了 5 种在任何时候都应该避免的交流习惯，它们会直接影响亲密关系的走向，古特曼称之为恋情的"毁灭信使"。

首先是直接的蔑视。对别人翻白眼的人在我看来都不是可爱的人。蔑视的言语和行为的潜台词就是把对方放在一个比自己更低的地位，或认为对方的话语、行为不可理喻。"你现在收入这么低，租房恐怕是个挺大的负担吧"类似的话，对亲密关系充满杀伤力。

其次是蹩脚的讥讽。蔑视是不礼貌的，但是蔑视的内容毕竟是有可能客观存在的——你蔑视对方个子矮，如果对方真的个子不够高，那么这种蔑视纵然有杀伤力，其实也不是无中生有。而讥讽的讨厌之处在于，它可能是刻意对他人特质进行错误评价与错误延伸。“你走开你走开，你要是不会你就别抢着做，你想显摆什么？”讥讽在嘲笑了他人行为的同时也否认了他人的价值，它曲解了当下的社交情景，让交流变了味道，自然难以对沟通产生积极影响。

再次是无端的戒心。那些言语尖酸刻薄、充满攻击性的人让人感到不快，而那些把所有外界信息都当作对自身的攻击的人同样也让人厌恶。这样的人觉得身边大多数人都是假想敌，他们往往会预先假设他人对其有所图谋，而别人的一言一行在他眼里都恰恰证明了这一点。“我就知道你早就对我有意见了。”这样的话会把交流带进无中生有的矛盾之中，给社交环境预先贴上了矛盾的标签。有的人在亲密关系里有什么不满意了，既不表达也不沟通，就带着一种“请开始你的表演”的态度，等着对方掉坑。一旦对方掉坑了，立刻跳出来，用意料之中的态度高喊：“我跟你说，我早就知道！”

此外还有一种，叫作消极的沉默。小孩子怄气不说话，会气鼓鼓地坐在一旁撇着嘴，这种情形我们都见过。把这种交流的倾向转移到成人身上，就能够很好地表现何为消极的沉默。这种负能量的表现往往由对方说了他不爱听的话而来，他不选择反驳或者辩解，他只是选择了七分怒火、三分委屈的沉默。谁都可以看得出他不高兴，可他本人就是倔强地坐在那里，谁也不搭理的同时也拒绝交流，成为社交场合中一块又臭又硬，让人无法忽视的石头。

最后一个，是没来由的挑衅。挑衅是对他人客观能力、正当权益或实际地位的挑战。约会迟到了，对方有点不满意，不仅不解释，还要挑衅："多等一分钟你能怎么样？你以为你是谁？"像这样的语言蕴含着非常明显的敌意。良好的沟通总是有一个正向的气场，而这种火药味十足的话语明显与高效社交的气场格格不入。

以上5种话语在社交活动中最容易在不经意间脱口而出，进而影响彼此感受。你会不会有意无意地带着这样的表达风格？一定要约束自己，记住祸从口出，这些话说得越多，对方就离你越远。

除了自我约束，还有几个方法可以帮你避免掉进矛盾的旋涡。

首先，就是时刻给交流充足的优先级。与其他事情相比，交流在绝大多数情况下都需要有一个更优先的排位，"不听不听""不谈不谈""我没空"都是对关系很有杀伤力的话。今天不拿出时间好好沟通，明天一定会花更多时间狠狠地吵架。无论是哪一方提出沟通的需求，另一方都有必要尽己所能尽快进入沟通的状态中，用于倾听或探讨亲密关系中另一方的需要与期望。

其次，未必要肯定对方的观点，但是要认可对方观点存在的合理性。在沟通的过程中产生分歧在所难免，比如女性想要逛街而男性宁愿吹着空调看足球比赛，你可以不陪着对方逛街或者看球赛——虽然这样做更有利于增进感情——但你也不能因此认为逛街就是乱花钱而看球赛就是浪费时间。你可以对对方的观点持保留意见，但是你不能仅仅因为他人同你的意见不统一就否定他人。共情能力优秀的夫妻婚姻满意度更高，而共情能力高的典型表现就是善于站在他人的角度看待问题，进而理解他人的想法。

再次，积极分享自身的个人能力。心理学家柯德克的研究证明，不愿分享自身能力的人更容易陷入离婚的困境。这其实很好理解，你投身到一段认真的亲密关系中，但你不挣钱、不做家务、不带孩子、不浪漫，自身也并没有什么独特的吸引力，是很容易引起伴侣的不满的。刚坠入爱河的情侣也是一样，情感投资多少都是需要回报的，如果一方在不断地付出时间、体力、精力甚至名声和更重要的资源，同时又不能得到任何有价值的回报，爱情的维系自然变得很困难。

最后，就算彼此间已经很熟悉了，也仍然要用积极的表述提出要求。因为就算已经成为恋人，人们也更愿意体验良好的态度，不能因为熟络而放松对礼数的要求。我们常说相敬如宾，并不是虚伪做作，更多的还是强调与人为善。恰恰因为对方是你生命中很重要的个体，所以才更应当以礼相待，笑脸相迎。最典型的积极表述，幼儿园里面就教过了——“谢谢，请，对不起，没关系”。

希望这些方法能够给你的亲密关系赋能，让伴侣间产生矛盾也变成一件有意义的事。

作者简介

叶壮

心理学学者，北京交通大学特聘讲师，知乎心理学话题优秀答主。现为北京社会心理联合会科普委员会副秘书长，中国心理学会（CPA）成员，美国心理科学协会（APS）成员，中国科协特约专家，首都科学讲堂专家组成员。著有《边游戏，边成长》《21招，让孩子独立》《秒懂力》《智慧教养》，译著《自驱型成长》。

写在最后

给想要加入快闪课堂的你一份小指南

知识的温度

在翻开这本书之前，你可能还不了解快闪课堂，但是当你看完这本书，相信你会想亲临现场跟大家一起聊聊有意思的话题。

目前快闪课堂已经覆盖 18 座城市（北京、上海、广州、深圳、天津、苏州、杭州、南京、武汉、长沙、成都、重庆、厦门、郑州、西安、青岛、济南、昆明），平均每年会有 100 场活动在这些城市举行。

每次在现场的知识分享与讨论，都格外有温度，气氛热烈，令人难忘。比如在 2019 年 1 月快闪课堂昆明站的现场，因为下雨，室内温度很低，将近 200 位现场参与者坐在一起听完了 3 个小时的分享，在此期间基本上没有人离开，经过的人也会驻足停留。还有一些上年纪的老人也聚精会神地站在那里仔细聆听，眼睛里闪烁着好奇的光芒。

这让我们感受到，对知识获取的渴望不分年龄，也不受环境条件的限制。

2019 年 8 月在上海举办的快闪课堂，那天正赶上台风“利奇马”来袭，我们正在考虑要不要取消活动，联系当天的讲者沈韩成老师时，发现他已经冒着台风到达了活动现场，他说不想让那些在路上往这里赶的知友失望。这场活动依然有过半数的知友参与，志愿者们也有条不紊地协助活动顺利进行。

这一天，快闪课堂有了一句口号：风里雨里，我在快闪课堂等你。

每年都会来快闪课堂分享音乐和书法的梁源老师，为了更好地让大家感受音乐和书法，他会自带专业级的音乐设备，让参与者们亲耳聆听通透细腻的原声。他还会亲自带参与者们去看展览，给他们解读书法作品。

这些讲师及参与者让我们感受到，知识值得被认真对待。

正如一直帮助推动快闪课堂项目的阿乐老师所说：“这是一个知识的快时代，但我们希望快中有慢。慢下来是指我们面对知识时，愿意花时间从单向获取到面对面的双向讨论，从而让知识有了温度，加深我们对知识的体会，而这些被讨论过的知识终将转化为我们个人的经验见解。”

课堂里可爱的人们

快闪课堂通常是 90 分钟，一半时间用于讲者的分享，一半时间用于交流讨论。大家因知识结缘，常常也会各自组成一些细分的兴趣小组，比如看展小组、爬山小组、马拉松小组、美食小组……但最特别的是我们的志愿者小组。

每个城市都有快闪课堂的志愿者小组，他们来自各个行业，在周末的时候会帮助我们落地在本市举办的快闪课堂。深圳的志愿者苏牧牧说，她从没想象过和几个陌生的伙伴第一次协助落地快闪课堂时会这么默契，在活动结束后他们也成为了好朋友。上海的志愿者胜男在快闪课堂上从一位主持小白变成了能够掌控全场的熟练主持，她觉得这份经历对她来说非常宝贵。厦门的志愿者大文工作调动来到上海后，就加入了上海志愿者团队，去年上海的活动他全勤出席，他说快闪课堂让他在陌生的城市收获了知识、朋友和温暖。

我们有超过 200 位这样优秀的志愿者，他们会跟我们一起策划选题，会在活动的体验流程上给我们一些建议，他们和我们一样在用心经营着当地的快闪课堂。快闪课堂也因为志愿者们的存在而变得有更多的可能性和更多不一样的体验。

如何参与快闪课堂

每个月快闪课堂的预告都发布在快闪课堂专栏，可以扫描二维码报名参与。

我们非常开心有机缘跟中信出版集团合作，结集出版快闪课堂的精华课内容。因为篇幅限制，我们只能选择其中一部分内容，没有收录到书中的内容，我们也会选择不同的方式向大家呈现。

希望快闪课堂能够让你打开一份对知识的好奇心，同时收获一份发现更大世界的小灵感。

小美式风格住宅空间设计——客厅1

小美式风格住宅空间设计——客厅2

小美式风格住宅空间设计——餐厅

交通分析

自行车可直接骑到三楼候车厅等待轻轨，将自行车放在三层下滑轨道，自行车可凭重力自然下滑到达二楼，经安检人员检修后等待乘客驱车，下车乘客均在二层取车离开，骑错方向的乘客可在四层平台转换方向。一层和四层均设置大量草坪可供乘客及有游人闲暇之余游玩休息，一层特别设置了自行车极限体验区，满足自行车特别爱好者体验玩耍。

残疾人行道
人行通道
自行车行道
汽车行道

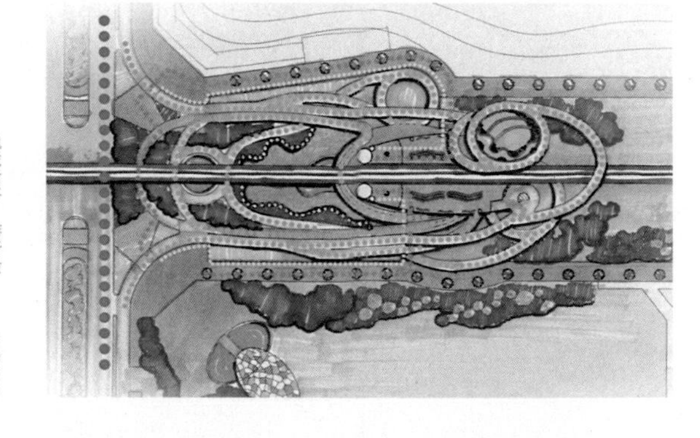

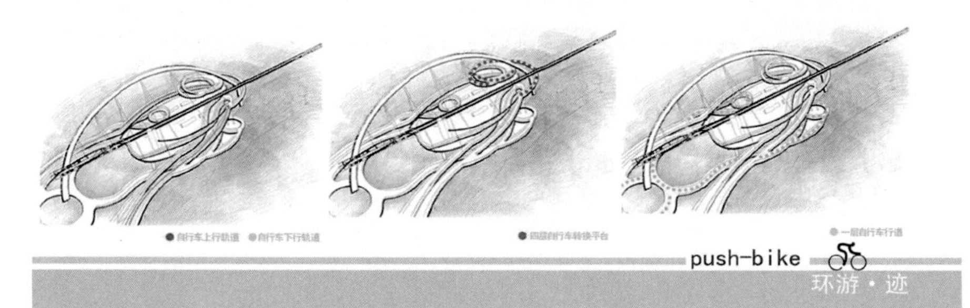

大学城轻轨站概念设计——交通分析

总体建筑流线

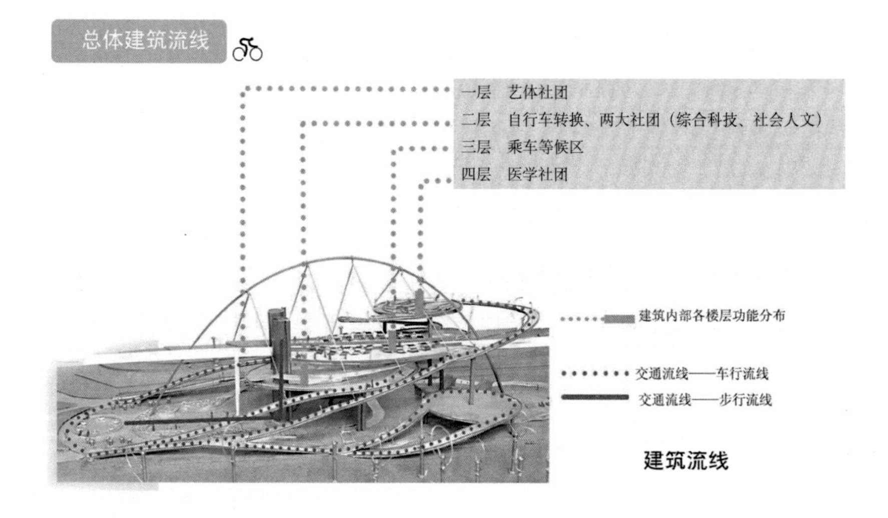

大学城轻轨站概念设计——交通分析及总体建筑流线

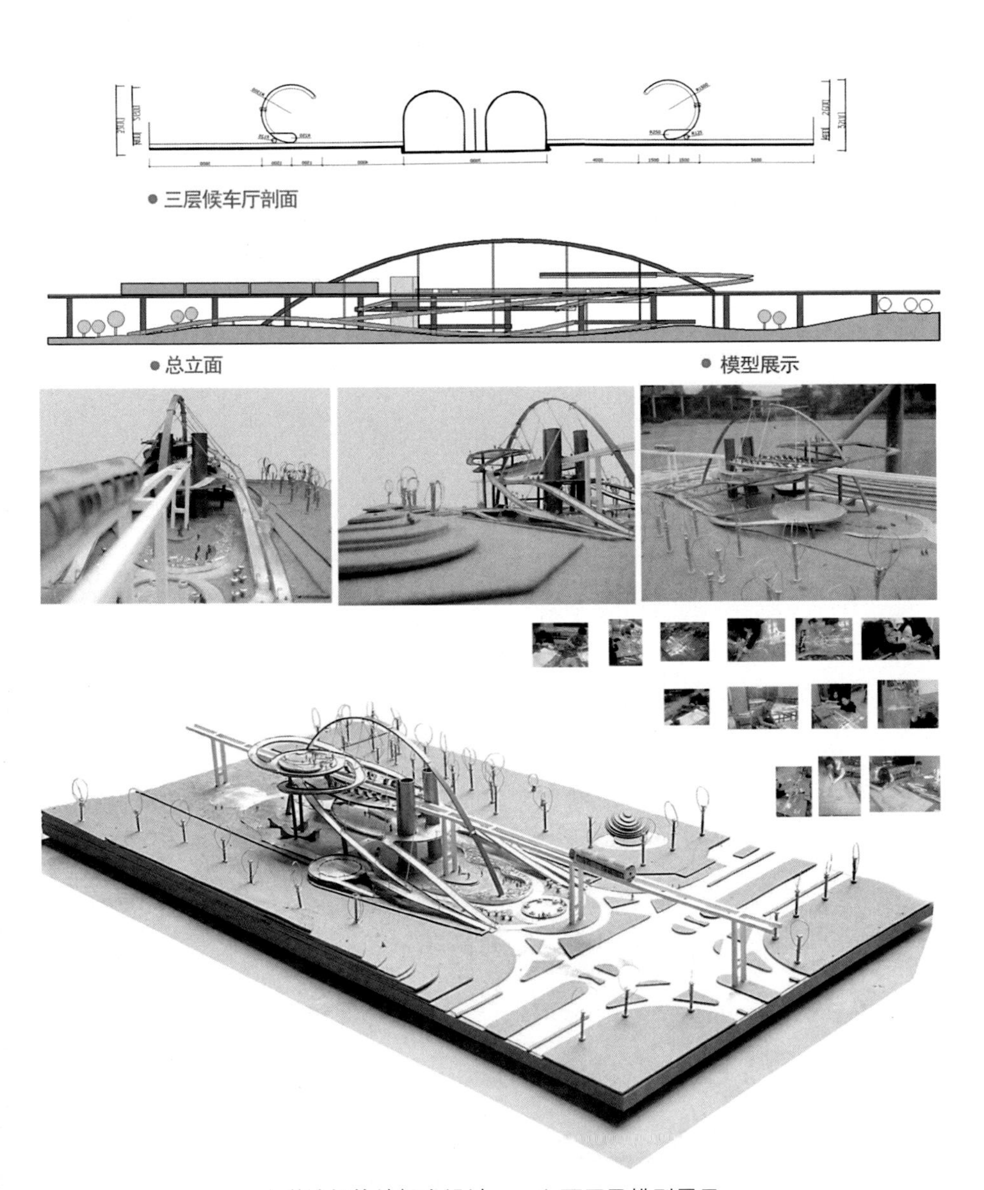

大学城轻轨站概念设计——立面图及模型展示

缙云山步道健身公园景观规划与广场设计　　1

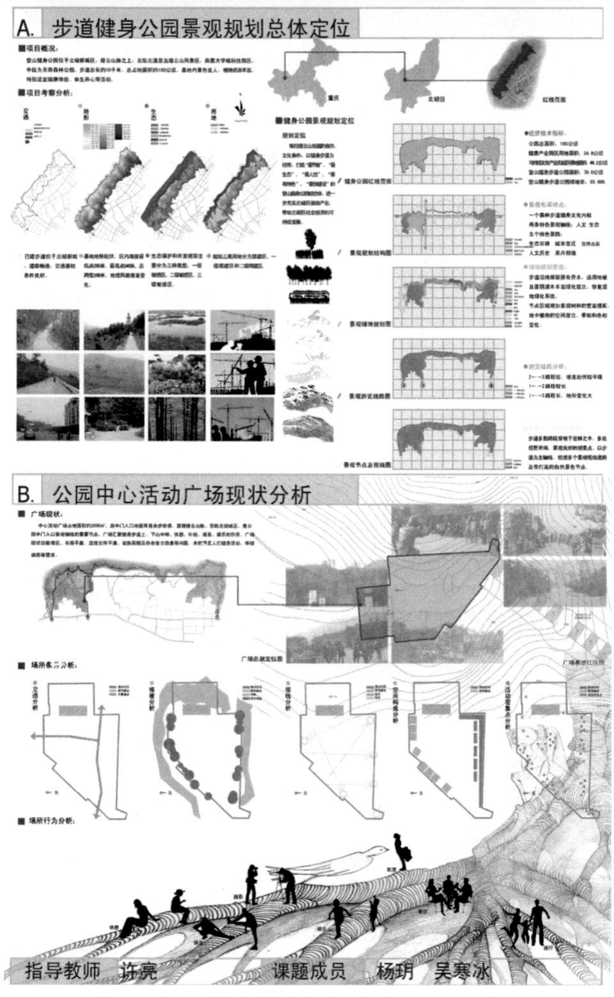

第八届四川美术学院研究生年展——展板1

缙云山步道健身公园景观规划与广场设计 2

LANDSCAPE PLANNING & SQUARE DESIGN

C. 概念生成——向上生长，向下眺望

生长 —— 与大自然中所有植物一样，建筑也在逐步完善自己的结构，一点一点从地里长出来。

眺望 —— 利用缙云山得天独厚的自然景观，在场地中贯穿在各种眺望平台的设计，鉴赏整个建筑景观的衍生。

D. 活动广场方案设计

■ 光照分析图

■ 平面布置图

■ 行为分析图

■ 交通分析图

■ 功能分析图

指导教师 许亮 课题成员 杨玥 吴寒冰

第八届四川美术学院研究生年展——展板2

第八届四川美术学院研究生年展——展板3

北欧风格住宅空间设计——卧室1

北欧风格住宅空间设计——卧室2

北欧风格住宅空间设计——卧室3

北欧风格住宅空间设计——衣帽间

北欧风格住宅空间设计——餐厅2

北欧风格住宅空间设计——客厅细节

北欧风格住宅空间设计——客厅

北欧风格住宅空间设计——厨房1

北欧风格住宅空间设计——厨房2

北欧风格住宅空间设计——厨房3

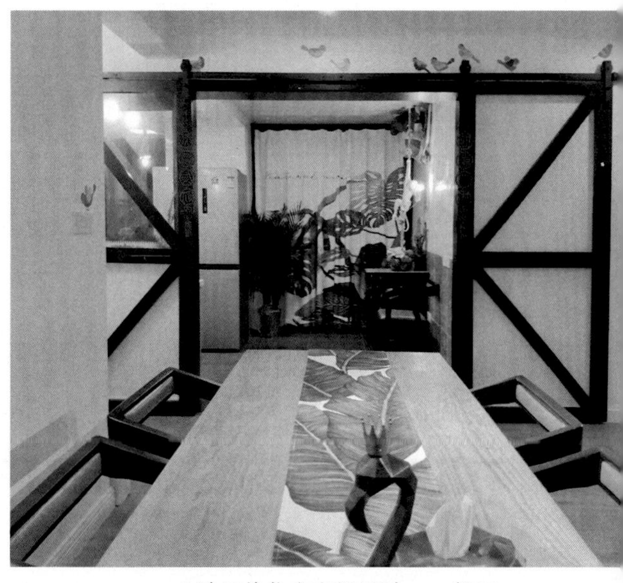

北欧风格住宅空间设计——餐厅1

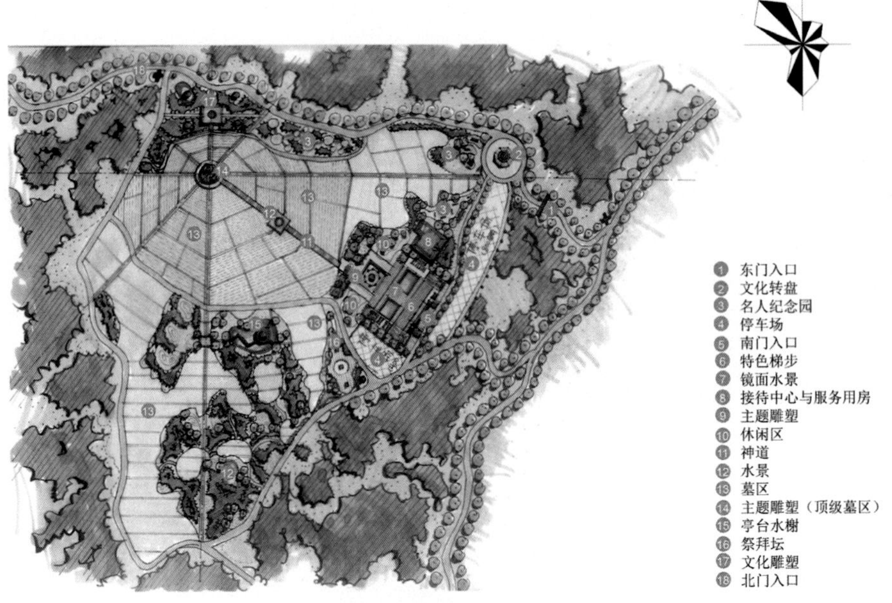

龙潭莲界生态陵园——景观总规划图

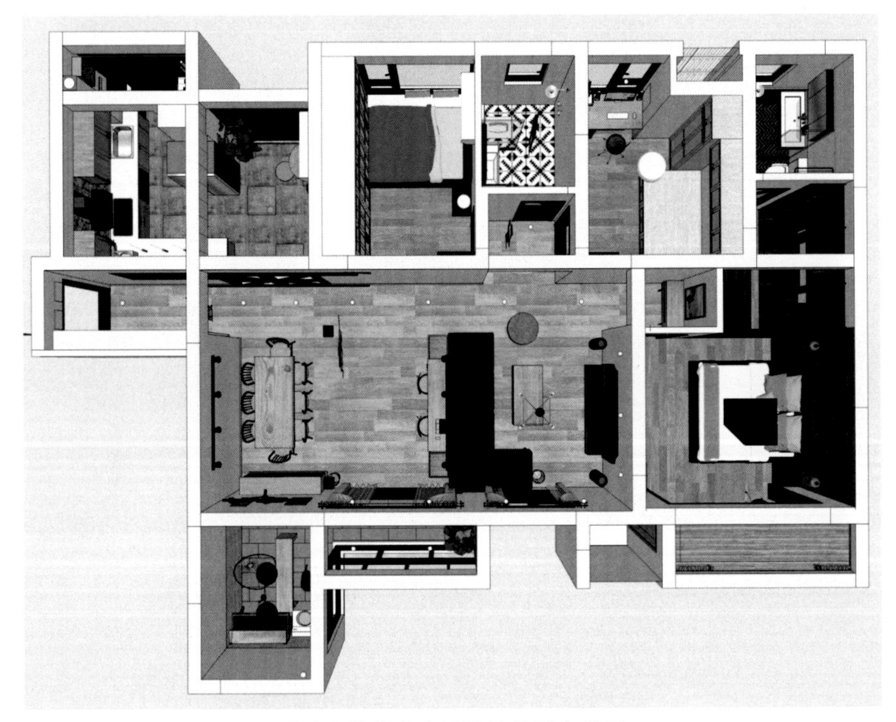

北欧风格住宅空间设计模型鸟瞰图

偏岩古镇的日常生活

偏岩古镇实景拍摄

南之山书店实景拍摄（第二组）

南之山书店实景拍摄（第一组）

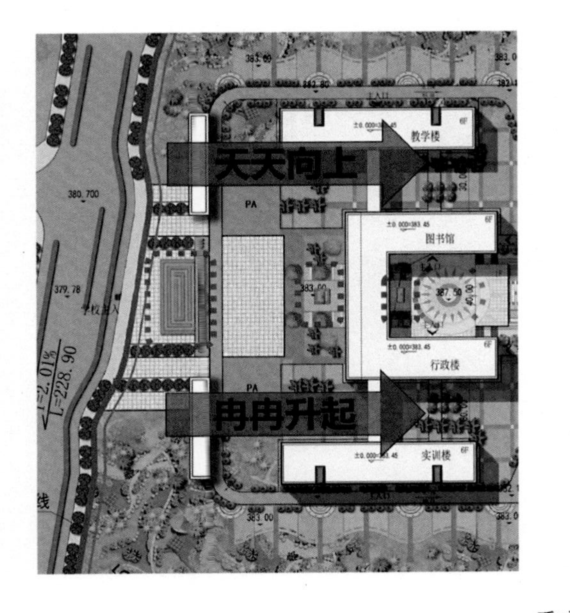

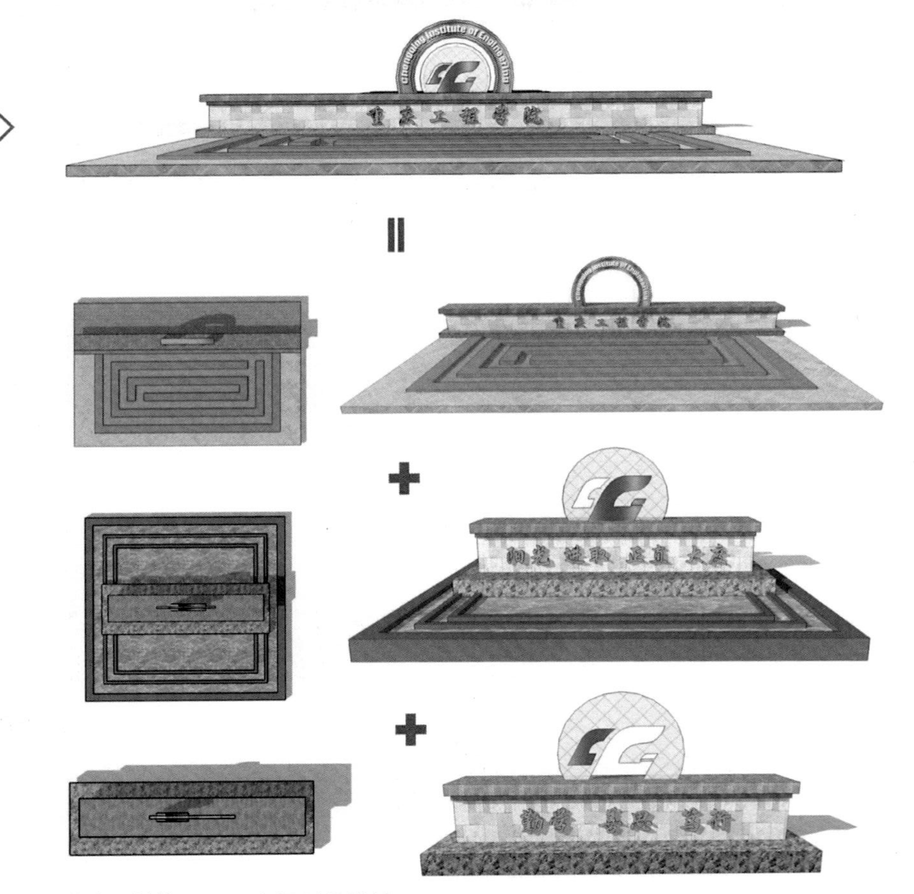

重庆工程学院双桥校区入口空间形象设计
方案一：凝心聚力，重工之光

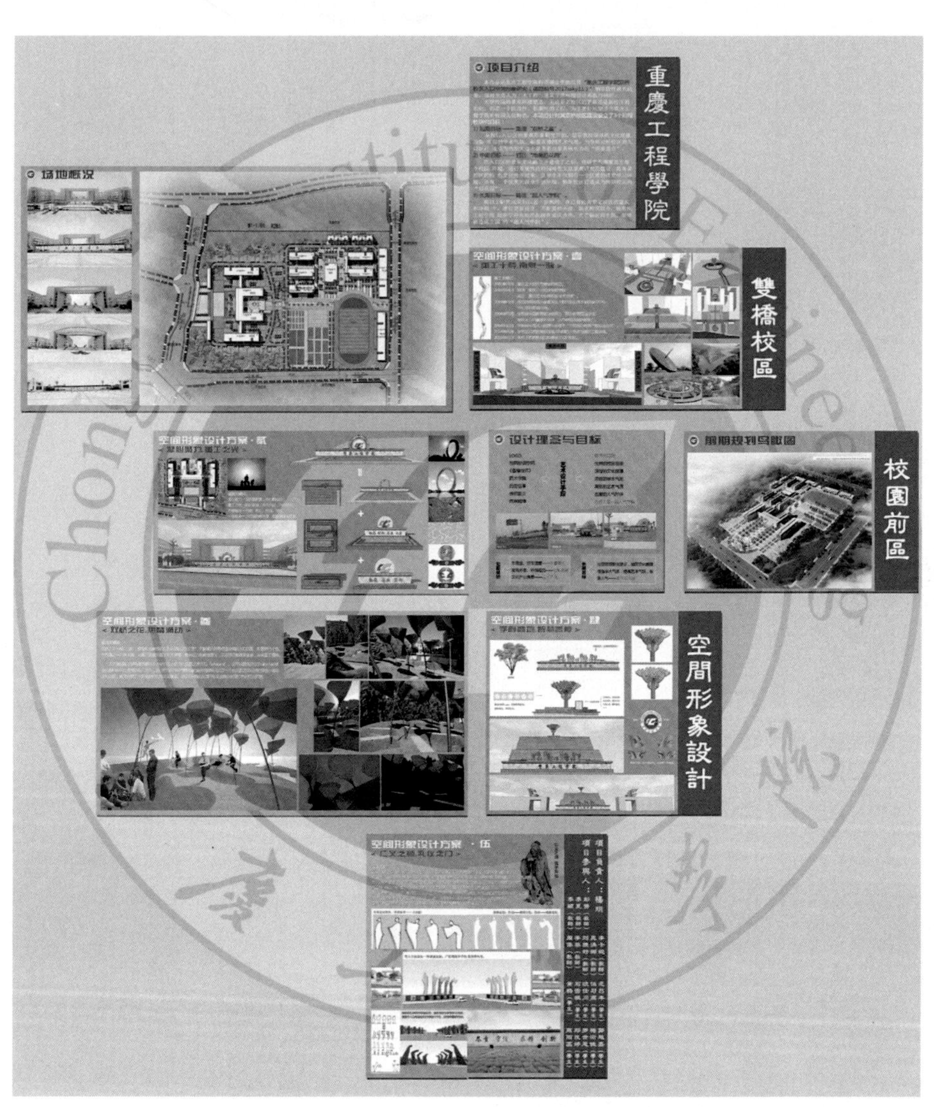

重庆工程学院双桥校区入口空间形象设计展示海报